続・きものという農業

大地からきものを作る人たち

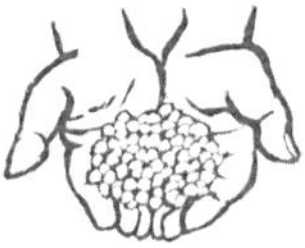

中谷比佐子

万代宝書房

はじめに

平成21（2009）年『きものという農業』を三五館から出版。**「きものが農業からできている」**ということに、多くの方が驚き、今更ながら日本人ときものの関係の深さに気づいてくださる人も多かったのです。

きものが着る人の手に渡るまでの長い道のりは、現場を取材してみて初めて気が付きます。食べるものもそうですが、モノづくりの方々は、ご自分で作ったものが、どのように立派に出来上がるか、それを手にした人たちに気に入ってもらえるか、可愛がってもらえるかを想像しながら、前よりももっといいもの、もっともっとと、精進してモノづくりに励んでいます。

社会情勢が刻々と変化していく中、第一次産業といわれる方の生活も大きく変わってきました。

きものの産業でいいますと、日本の畑の4割が桑畑であった昭和40年代から、今はその面積は十万分の一くらいに減ってきています。それと同時に**養蚕農家**は令和3年の農協登録軒の調査で１８６軒となりました。同じく昭和40年代は25万軒の養蚕農家が**蚕**を飼育していたのですから、生糸の生産量が減っているのは、当然です。生糸は食料と同じように他国に頼る状態です。

明治から昭和初期まで生糸の輸出国として世界に君臨した日本の面影は全くありません。それどころか今は生糸の輸入国として世界一ということになっています。

しかしながら学者たちの間では今も「蚕」の研究は盛んにおこなわれています。**絹**を作る蚕の社会への貢献度は並々ならぬものがあります。

医療分野では人工皮膚、人工骨、人工血管、カテーテル、バイオセンサー、床ずれ防止のシーツ、手術糸や手袋、マスクの他、健康食品でのサプリメントをはじめ、味噌、醤油、うどん、そば、菓子類、化粧関係では、石鹸、粉白粉、化粧水、クリーム、衣類は言うに及ばず、インテリア関係、美術工芸品など多種多様な使い道のある「絹」です。

養蚕農家
蛾の幼虫である蚕を卵から飼育。その蚕に繭を作らせ、繭を販売する。

蚕
カイコはチョウ目カイコガ科に属する昆虫の一種。

絹
絹は蚕蛾という蛾の幼虫がつくる繭から得られ、直径2～3㎝の繭からは約１５００ｍもの長い糸を作ることができます。

養蚕農家が減ってきても、蚕に人工飼料や、無菌蚕の飼育という科学的な養蚕方法も盛んになっています。これはいかに「蚕」の優秀さを表しているかという証明でもありましょう。

きものに使う絹という当たり前の日本のきものの素材が今や化学工学の世界のほうに流れていて、肝心のきものには、石油繊維の新しい布が歓迎されているのが実情です。こういうきものはもう「きものは農業から生まれます」と言い切ることはできません。

このような社会事情の中にあっても、「それでもきものは種から、農業から生まれるものです」と太陽や雨風の恩恵から生まれる、きものづくりを続けている方が大勢います。そういう方の作り上げたものには、言い尽くせない温かみ、そしてそれを身にまとうことで、自分自身の心の軸が定まる安心感があり、きものを着る人に愛され続けています。と同時に新しい作品を待ち焦がれている人も大勢いるのです。

この四年余も続いたパンデミックの期間中にきもの業界の流通の崩壊がありました。そのピンチをチャンスととらえた、作り手たちが、それぞれ同じ志を持つ人々と横の連絡を取り合い情報を交換し、きものつくりの手を休めず、更に土と親しんで先人たちから繋いできた技術を生かしながら、「ほんとうにつくりたいもの」に挑戦してきました。

「きものという農業」続編は自然を生かした、自然から学ぶ姿勢を持った方々に取材をさせていただきました。

うれしいことに『きものという農業』の本を手にして、「そうだ**桑**を育て蚕を飼育するところから始めよう」とすぐ桑畑の土地を借りて行動に移したり、「絹」をもっと勉強したい」と三年間の勉強の末、桑から育てる道を選んだ方も、また「きものが喜ぶ作業をしよう」と化学的なものを一切外し、自然の声を聴きながらモノづくりを励むようになった。という方々もいらっしゃいました。

桑
マグワ、シマグワなど品種が多い。カイコの餌として古来重要な作物であり、また果樹としても利用される。

いいものを作るために、何かを犠牲にするのではなく、自然が欲しているものを第一に考えて、人の思い、自分の考えは後回しにすると、自然が色々教えてくれると伝えてくれる人もいました。

その姿は「信仰」と同じエネルギーを持っているのだと思います。私は取材をしながら「人として」の生き方を学ばせていただきました。

「衣食住」という言葉がありますが、どうして一番初めに「衣」が来るのかずっとわからないでいたのですが、今回は心底理解できた気がします。

この本を手にしてくださってありがとうございます。

あなたの手持ちのきものにも同じような作り手の気持ちが入っていることを感じてくださると嬉しいです。

２０２３年７月

中谷　比佐子

もくじ

◎写真　第三章　白井仁、第八章　熊谷友幸、その他の撮影　中谷比佐子

第一章　糸の追求

原材料からすべて自分で出来るのが「織物」だった

在来絹制作保持者・志村明さん

志村明さんは「在来絹制作」選定保存技術保持者に国から令和三年に認定されました。今この国でたった一人の認定者です。

選定保存技術というのは、国の文化財保存のための技術や技能で、昭和五十年に制定されました。令和五年現在、82件の個人や団体を認定していますが、「在来絹制作」の保持者認定は志村さんが初めてです。

日本の文化財の保存に欠くことのできない技術保持者というわけで、近代工業化以前の「絹制作技術」が必要であり、文化財補修には江戸時代を含めもっと昔の糸作りと染の技術が欠かせません。

図らずも志村さんは高校三年の時「自分は原料からすべて一貫して自分で出来る仕事をしたいなあ」と考えていたそうです。

その思いを実行に移し、学び、研究を重ね51年の歳月を経て、「在来絹

在来絹制作
卵から蚕を育て、絹を採取する。在来技術は記録に残らないため、近世以前の絹糸・絹織物の研究や製織技術の検証を重ね、国宝や重要文化財など多様な文化財に応じた修理分野で、高く評価されている。

制作」の保持者として国に認められました。

染織の宝庫沖縄に移住

志村さんは昭和27（1952）年東京都青梅市の生まれ、高校生だったころは全国的に学生運動が盛んな時で、大学に行くより自分のやりたいことを早く見つけようと思ったそうです。

そのころ志村さんの母親は東京農工大で製糸の指導をしていて、生糸や絹に関する話も聞いていたけど、糸だけを作るという「分業」に魅力を感じなかったし、一貫して自分がやれるものを求めていました。

「陶芸に興味を持ったのですけどね、土は自分では作れない」

これも違うと思ったとき、絹こそは桑を育て、蚕を飼育し、糸を作り、布を織るという一貫性のある仕事だと気が付き、それらのすべてを学べるところは「沖縄」だと、しかも離島には昔の技術も残っているだろうと石垣島に渡り、縁あって竹富島で暮らし始めました。

繭の天日干し
繭は風と光を浴びます。

経糸の整経

しかしこちらは麻（苧麻）と芭蕉、絹はありません。それでもまずは織の勉強とばかり、麻を植え、芭蕉布も植えてみることから染織活動を始めたのでした。

そのころは糸を売る「糸屋」という職業はなく、織をやる人は、原料から作ることが当たり前だったのです。

ある時竹富島に近い、西表島にある琉球大学研究施設に、織のことを教わりたいと訪ねたら、その施設で蚕の遺伝子研究をしていた京都の大学の先生と知り合い、蚕にはいろんな種類があり、交配された蚕と、もともと日本で飼育されている蚕の違いを教えてもらいました。

原種の蚕と現行蚕（国が推して養蚕農家に迎え入れられている蚕）は糸の量が違うというほかに、原種の蚕の吐いた糸は、製糸する機械にかかりにくい、糸が細すぎてすぐ切れる、昔ならではの方法で手作業の製糸法しかない、そうすると大量の糸は作れない、だから消費についていけない。

糸の量は現行蚕が吐く糸の三分の一が原種蚕の吐く糸の分量。確かに

沖縄の風景

芭蕉
芭蕉は大別すると実芭蕉、糸芭蕉、花芭蕉の三種類ある。

少ない。しかも改良を重ねた現行蚕は雑菌にも強く丈夫。養蚕農家としては飼育しやすく、蚕が作る繭も大きいので、重さで決まる売値には、経済的にも現行蚕に利があるわけです。

このような話を聞いた志村さんは「では原種を育ててみよう」と早速原種を注文し、今度は「絹」に挑戦することになったのです。

植物繊維の染織から、絹に移動してみたものの、沖縄はあまりにも暑い。しかも湿度も高く、繭から糸を取る時湿度が高いと糸に節ができてしまう、これではいくら原種から細くていい糸を作ろうとしても限界があると思っていた時、京都の問屋に籍を置く沖縄染織の仕入れの方から連絡があり、「愛媛県の野村町でシルク博物館を作る予定があり、そこで一貫した染織工房を設置したいと相談を受けている」と聞き、志村さんはその方の推薦を受け、14年お世話になった沖縄を後にしました。

17個の繭を一本の糸にする

志村さんお手製の糸繰り機

野村町シルク博物館での織姫指導

イギリスの女王「エリザベス二世」の戴冠式（１９５３年）の式服に選ばれた野村町の絹はそのことで日本の絹は世界一美しいという評価を受けたのですが、国内ではあまり宣伝されることもなく、野村町はその歴史的な栄光を守るべく、野村町経営の、**シルク博物館**を建設しました。その中に養蚕から糸作り、機織りの一貫作業の指導者として、志村明さんを迎えました。

一貫作業をするにあたり、野村町は「**織姫制度**」を設定し、技術を習得した暁には、各地に戻り染織の一貫作業のできる染織指導者の養成に努めたのです。

野村町には養蚕農家、蚕の種（卵）をつくり、全国に販売する業者もいて、大変裕福な村でした。更には旅芸人たちの集まる場所でもあり、古い家には珍しい諸国のきものや布が多く残っていましたから、博物館にはそれらのものや、養蚕に関する道具、絹農業の本などが集まり、それに加

野村町シルク博物館の景色

シルク博物館
シルクの町で知られる野村町シルク博物館は、蚕糸業等に関わる歴史的資料、繭・生糸の生産に使用された道具などを展示している。

織姫制度
高齢化と過疎化による後継者不足を補い、都市との交流と定住人口を増やして、織り手を育成する制度。

えて、志村さんは中国やアジアの古い布を集め、シルク博物館は見ごたえのある内容になりました。

もちろんエリザベス二世の戴冠式に送られた絹と同じ反物も陳列してあります。

機は扱いやすい高機をそろえ、全国から織姫たちが応募してきて、私(中谷)が取材に伺ったとき(1995年)には30人もの織姫たちが楽しく学んでいました。

この時学んだ織姫たちはそれぞれ染織家として仕事を続けている人たちも多く、この時からずっと志村さんを師と仰ぎ、今でも一緒に志村さんの片腕として仕事をしている秋本賀子さんもその一人です。

繭の塩蔵を始める

野村町で飼育されている蚕は、交配された現行蚕でした。蚕の種類を変

織姫用の機

糸に風をあてる

えるには、養蚕農家の抵抗もあり、「現行蚕の繭でも、美しい糸にする方法があるのではないか」と考えた志村さんは、紀元前の糸が保管されているという中国の博物館に渡り、糸を触り、そしてその糸の作り方の古文書を手に入れて帰ってきました。その中（図あり）の1ページに壺の中に繭を保存し塩を入れて、繭の中の蛹がゆっくり息を引き取るのを待ち、繭を天日干しして、その繭から静かに糸を引けば、蛹が繭の中で生きている間に慌ただしく糸を引く（この作業を生繰りといってこの糸の取り方が江戸時代までは主流でした）より、ゆっくり丁寧に糸を引くことができることがわかったのです。

　後にこの方法は日本でも行われていたらしいということが浮世絵に描かれていたのですが、説明がなく、口伝のためかしっかり描かれていないのがなんとも口惜しいものです。

　私事ですが、志村さんが塩蔵繭の糸をくちなしで黄色く染めた反物を野村町で見た時、反物から発するパワーと触った時のふんわりとしたや

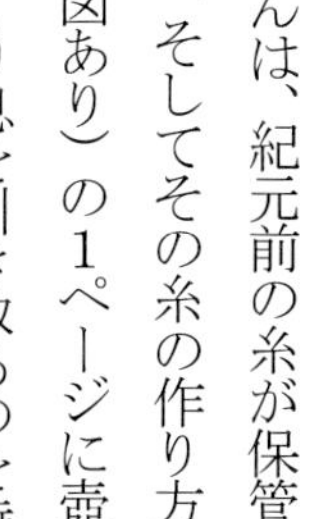
繭の塩漬け

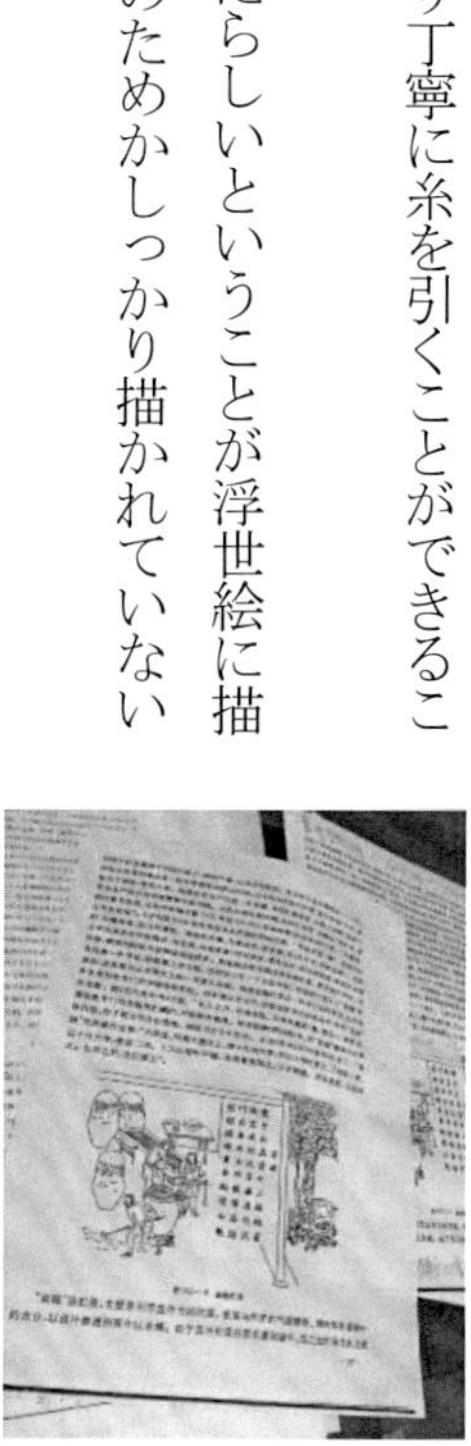
古代の塩蔵の図

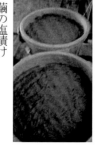

さしさに、すっかり心を奪われ、何としても身につけたいという欲求が生まれて、無理を言って買い求めてしまいました。反物は４００グラムという軽さ（普通は６００～８００グラム）、ひょっとしたら平安時代の十二単の装束はこういう軽い布を何枚も重ねていたのかもしれないという想像も生まれたのでした。このきものを着て講演をすると「一体そのきものは何ですか、光源が中から発していますよ」といわれます。これは糸の艶が尋常ではないということでしょう。

着た時の感覚や、そのきものを見た人たちの感想を、志村さんに詳しく述べて、更に夜叉で染めた黒い反物も購入し、その着心地を縷々述べて居ましたら、「一人で一貫する作業がしたいと僕は言ったけど、作るだけでは一貫ではない。自分も着てみなければ、中谷さんの感想がしっかりと腑に落ちない」とさらに一貫作業の完成を求めて土地探しが始まり、水が清らか風が気持ちよく湿気が少ない、更に太陽が優しいという長野県の飯島町に仕事場を移したのです。

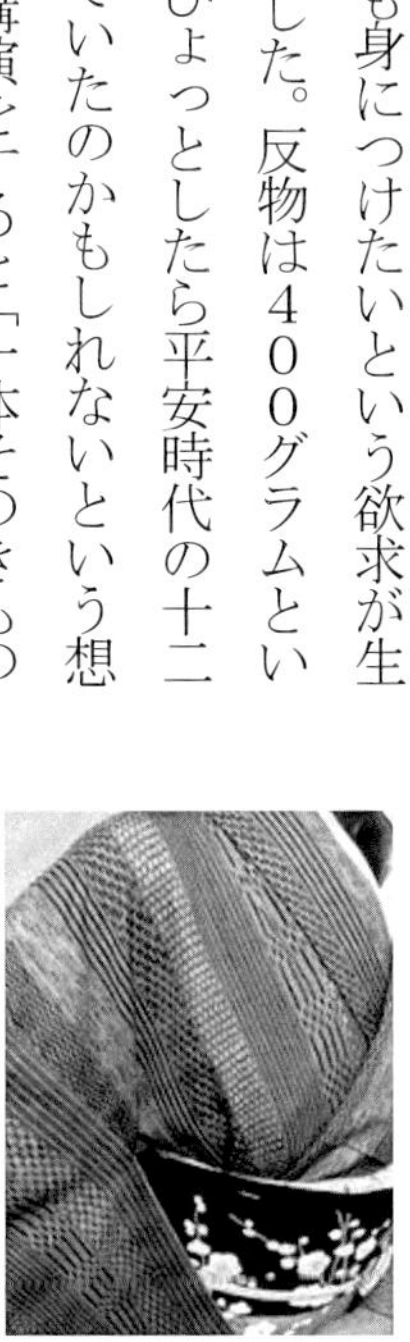
塩漬け繭の糸できたきものセリシンが強くて雨に強い

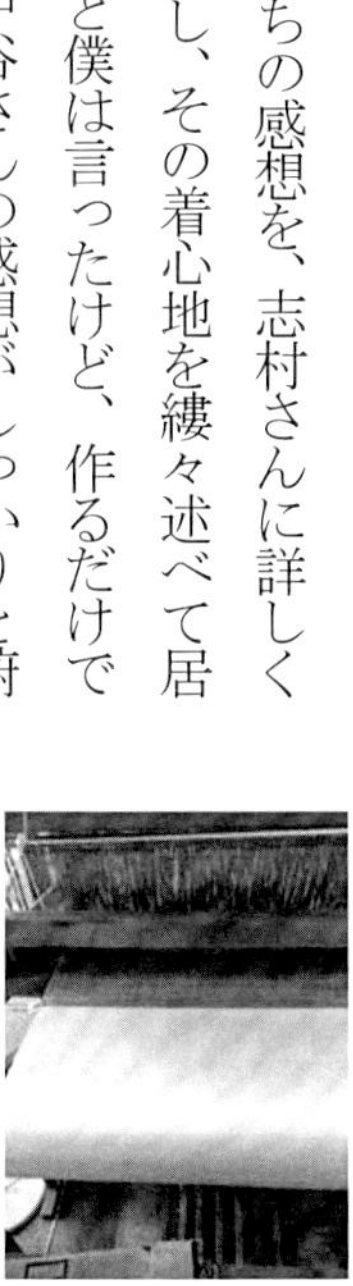
光沢のある布の出来上がり

土を耕し桑を植え、蚕を飼育して糸を取り織りあげる

平成15（2003）年志村さんはアルプス山脈に囲まれた、長野県飯島町に工房を移しました。

「一貫作業」という信念がこの町に志村さんを連れてきたようです。隣の飯田町は大きな製糸工場が三軒もあって、関東地方の養蚕農家の繭を製糸していました。東京都にも養蚕農家が多かった時代、私は八王子から繭と一緒の車で飯田町に取材に来たことがあります。見渡す限りの桑畑で、養蚕農家もたくさんありました。

志村さんが飯田町の隣、飯島町に入ったときは、もう養蚕農家は数軒に減っていて、桑畑は果樹園に様変わりしていました。

それでも残っていた桑畑を借り受け、「原種」の養蚕を始めたのです。桑畑は山の近くはシカや猿、畑のそばでは果樹園の農薬、田んぼの近くは水の災害、いろんな土地で桑を育て、果樹園の持ち主とは桑の葉に農薬散布の影響を最小限にしていただくという話し合いを進め、双方の理解の

上から6枚目までの桑の葉を与える

志村さんの桑畑　菊桑

もとに共存共栄を図っています。

リンゴ畑の隣の土地で桑を育てていた時、農薬散布の後に大雨が降り、桑の葉についた農薬は落ちたであろうと蚕に桑の葉を与えたところ、研究のために飼育していた現行蚕は、全部農薬がかかった葉を食べて犠牲になっていたのですが、原種の蚕は農薬のかかった葉を一口も口にせず、全員が葉っぱの上に載っていたそうです。原種の本当の強さを目の当たりにした瞬間でした。

桑の木も現在は、肉厚の大きな葉がたくさんできるように改良をされ、化学肥料が好きな品種に作られています。そのため土地も化学肥料が好きな土になっているのです。

志村さんは桑の葉のたんぱく質の含有量やミネラルの分量などを調べ上げ、土地の改良から始めました。当然現行の桑の木は弱っていきます。

そして現行桑の先祖帰りになるのを気長く待つ畑と、改良をされていない原木の桑の木を植える畑を作り、原種の蚕を育て始めました。

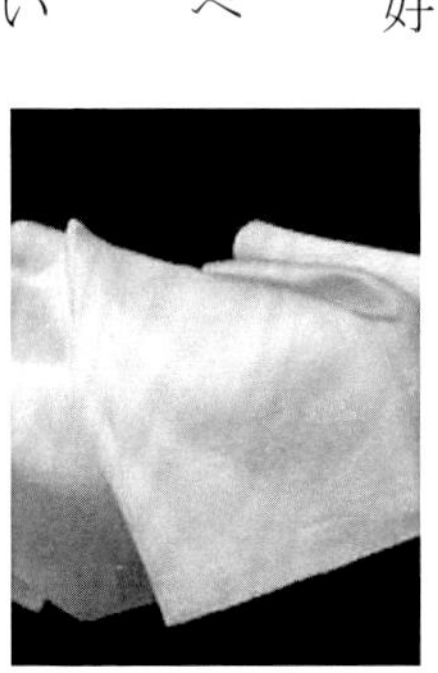
大嘗祭のときに使った絹布

野村町では塩蔵という手を使い、艶のある美しい糸をつくることができたけど、志村さんはこれで満足していたわけではありません。やはり桑を育て蚕も自身で飼育して、初めて理想の糸ができると信じているのですから、この飯島町での糸作りが、本当の意味で一貫作業のスタートでしょうか。

塩蔵用の塩の種類も数十種類を試しました。そして今はシチリア島の塩に落ち着いています。

水気が多すぎて繭が腐ってしまったこともあり、また乾燥して繭の中の蛹が蛾になって繭が食いちぎられたり、塩選びの大切さを思い知ったのです。

繭の塩蔵の良さは、繭の中にいる蛹が静かに息を引き取るという具合で、たんぱく質が壊れません。現在では繭の中の蛹を一気に高温殺傷にしてしまい、繭のたんぱく質を壊してしまいます。このたんぱく質が絹の長所を引き立てていることは、江戸時代まではよくわかっていたことでした。

そのため今も残っているきものの糸の美しさがそれを証明しているわけです。この塩蔵の技法は中国でも７００年前に途絶えています。

一貫作業の最終は自ら羽織ること

土の改良には草や選定した桑の葉を焼いて肥料にする、桑の葉も葉の先六枚目までしか蚕に与えないので、桑の葉はたくさん残ります。そこに蚕の先祖である『**桑蚕**』が自然発生し、その桑蚕の糸もとってみる。もちろん蚕の種つくりも自家製、当然原種、そして塩蔵繭を天日で乾かした後、人肌の温度のお湯の中に繭を入れて静かに糸を繰る、飯島で取れるクルミやクリなどの染材で糸を染め、経糸緯糸と繰り方を変え、自分の手で糸の整経をして機にかける、自然の光が入る位置で機を織ります。

織りあがり、セリシン（タンパク質）が強い場合は、**砧**《きぬた》で布を打ち織り目を整えます。

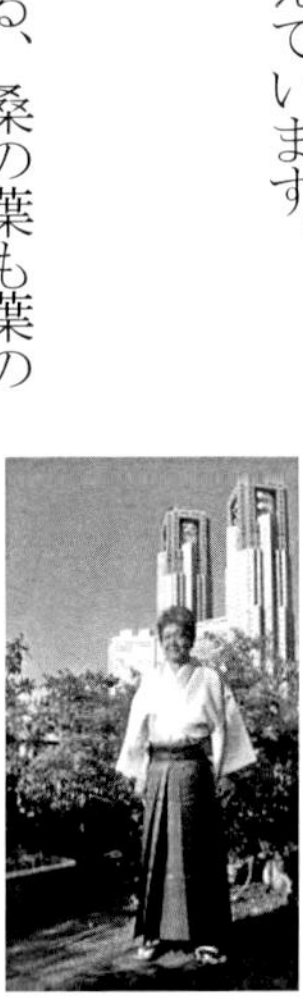
志村明さん 自作の全てを身につけています

桑蚕
蚕の先祖もともと蚕は桑の木にいた。

砧
洗濯した布を生乾きの状態で台にのせ、棒や槌でたたいて柔らかくしたり、皺をのばすための道具。

しなやかで強く軽い布の出来上がり、この糸が実は古代の文化財の糸と似ているということです。ですから衣服の修復には、飯島で作る絹糸製作所の糸が大活躍です。

志村さんはきものと袴、長じゅばん、下着一式、腰ひも、足袋、縫糸に至るまで、すべてこの手法で作り、一貫作業を完成させました。

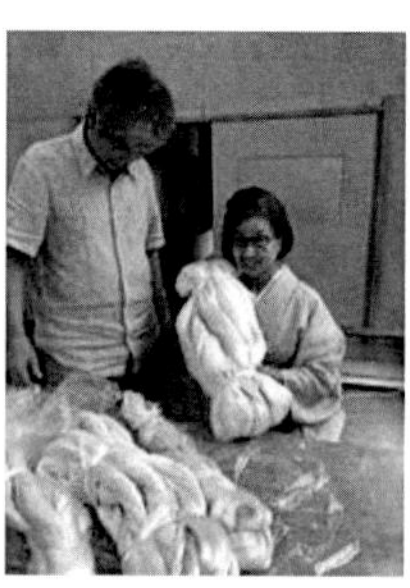
塩漬けの糸は軽くて優しくて暖かい

絹の領域　袷《あわせ》の試み

自作のきものを着てみて、志村さんは次なる創作に着手しました。それはきものの表と裏の布の折り合いです。経糸と緯糸の組み合わせで出来る織りの種類にはとてつもない数の織り組織ができます。その織り方の違いによって、表と裏の組織をいろいろと組み合わせることができたらと思い、２０２１年に**八領**のきものを制作し、発表をしました。

八領
八着のきもののこと。

文化財のきものの修理をしていて、表と裏の生地が良く添っているものは本当に肌触りがいい、しかしそうでないものは大体裏地の破損が多い、それは表の生地が重すぎるとか、表裏の織り方が違っているからではないか、また蚕の種類にも原因があるのかもしれない、という考えが志村さんの中で日々募ってきたようです。

朱子織、平織り、三枚綾織りとの三種類を中心に、経緯糸ともに生糸（繭の中でまだ蛹が生きているときに糸を取る）でその三種類を織る。経糸、緯糸を練り糸にする、経糸緯糸ともに練糸を使って三種類の織り方をする。そのように織り分けて表と裏のなじみ具合の研究をしてみました。

その結果は着てみてわかるという状態ですが、まだ着用に至っていないので着心地の結果は出ていないのですが、私は志村さんの織った布を、こちらは表地にこちらは裏にといわれたのですが、表裏同時に楽しみたいと思い、「毛抜き合わせ」の仕立てをしていただき、表が裏になったり、裏を表にしながら楽しんできています。この時、「縫い糸」は同じような糸でないと嚙み合いません。仕立てをする方もかなりのベテランでないとここまでの仕立てが無理でした。

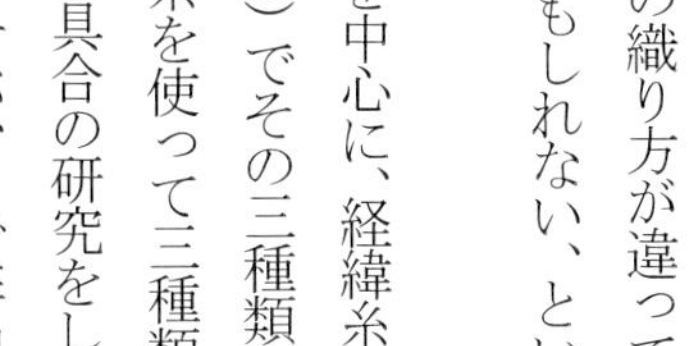
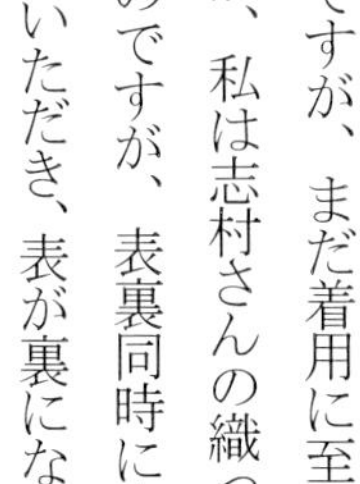
絹の領域二〇二一年の制作発表「きものの表裏の考え方」

文化財のきものは、布地としていろんな糸の種類や織り方を変えながらいいものを作っていたのだと思います。

「僕は飽きっぽいから同じ仕事は続けられないけど、絹織物の仕事は次から次へと違う作業があるので、楽しく続けられた」

日本の文化財を生き返らせるにも土の力農業の在り方は重要だとつくづく思います。

絹の領域二〇二一年の制作発表
「きものの表裏の考え方」

第二章　強い思いが出逢いをさそう

自然の気持ちを尊ぶ仕事

紅花の「寒染め」から広がる糸と草木染の世界を織る　山岸幸一さん

「中谷さんと初めて会ったのは昭和51（1976）年の夏でした」

「よく覚えていらっしゃるわ」

「ここ赤崩に家を建て引っ越しを済ませた翌年でしたからね」

山岸幸一さんは昭和21（1946）年米沢織物の織元の次男として米沢に生まれました。

幼少のころからガチャんしゅー、ガチャんしゅーと機を織る機械の音の中で育ち、時に手伝ったりしながら、ぼつぼつ自分の進路も決めなければと思っていた高校三年のある日、ふと立ち寄った米沢の博物館。そこには武将たちの小袖が陳列してあり、その中の上杉謙信の黄色地の小袖に心を奪われました。

説明を読むと「苅安」という植物染料で染めたものだとあり、その黄色

山岸幸一さんと長男の山岸大典さん（右）

赤崩草木染研究所

苅安
刈りやすい草の意味と解され全国各地に自生する植物

は３００年たっていても美しさを保っていました。

機場では化学染料で染めた布地しか見ていなかったので、植物染料の持つ色のエネルギーの強さに圧倒されたのです。

卒業後家業の機織りの手伝いをしながらも、上杉謙信の苅安染めの黄色の小袖が忘れられず、化学染料と植物染料の違いがどこにあるのかを研究し始めたのでした。

それと同時に織機はジャガードやドビーが主流で、きものより洋服地を織る数量が多くなり、それも織手の不足から海外に仕事のシフトが始まったのです。日本の高度成長期の始まりです。大量生産大量消費が奨励され、効率の良い機械化が進み、それまで培っていた「手仕事」の生産は隅に追いやられていく社会状況でした。

そういう中で山岸さんは「合理的、省力的とは程遠いところに本当の美しさがあるのではないか、洋服は流行に振り回されていて、モノづくりとは言えない。自分は自分の手でモノづくりをしたい、手織り、植物染料の色に感動したあの原体験を追求しよう」また「生命を宿した人間が身にまとうものに呼吸をしない無機質な動力機械で織った布を着ることにも疑問を覚えたのです」と家業から離れ環境を整えるために、水の美しいところを求めて土地探しを始めました。

吾妻山系から流れてくる清らかな水のある地、そこが今作業をしている「赤崩」だったのです。ここに流れ込む美しい水は酸素が豊富で、染料の発色を促し、更に染料を発酵させるバクテリアを含んだ水で、鉄分も微量、アルカリ性の軟水でした。

山岸さんに「何を見てこの土地を選んだのですか？ あちこちの水を飲んでみたの？」と訊いてみました。

「石ですよ、岩ですよ、昔からきれいな水の流れているところは、石がきれいだといわれているんですよ」とのこと。流れる小川のそばに工房を建築、作業場の中にもその小川から水を引き入れ、水に囲まれながらの作業が始まりました。

雪の中の桑畑

天蚕が育つ椽畑

吾妻山
福島県と一部は山形県の県境にある火山群・山塊の総称。

水は人だけではなくすべての生物を養ってくれる尊いもの、命の源です。私たちの先祖は水を大切に扱うことを生活の中心に据え、山の木を育て、川の両脇に生える植物からも薬になるもの、食料に適したものなどを自然から教えられてきたのだと思いました。水の美しいところには「金銀」が産している。これは自然の相生の循環ですね。

土を耕し染料の紅花を植える

山形は最上川流域が「紅花」の産地として栄えました。紅花を積んだ船は最上川から日本海にでて京の都にまで運んでいく米沢藩の収入の基でもありました。

まずは、生まれた土地の産物を大事にしよう。と紅花染めを始めた時に出会うのが生涯師と仰ぐ草木染の先駆者「山崎青樹」さんでした。

山崎青樹さんの尊父である山崎斌さんが、化学染料全盛になってしまった大正、昭和の初期の染めを危惧し、日本に古代から続く植物染料の技

紅花
紅色染料や食用油の原料として栽培される。

山岸さんが紅花の糸を水洗をする小川

術を残さねばならないという決意で、植物染料の復興運動をはじめました。化学染料に対して、草木の染料をいただく色を「草木染」と命名したのです。

「いきなり本筋の方と出会ったのですね」

「心から求めていると必ず、最適な方に出会います」

それが宇宙の法則だと淡々とはなしてくれます。山岸さんの歩みの中では、この時期にこの方というように、確実に求めている方が現れ、染織の内容が日々深くなって、出来上がりの作品にそれが現れていきます。

まずは紅花の栽培から、土を耕し、種を植え紅花を育て始めます。その時鍬の形が色々あることに気が付きました。古老の農夫から譲り受けたものは、鍬を土におろすと、土の返りがよくて、土がまろやかになる。しかし人が使うには腰を低くし、腹に力を入れて鍬を持ち上げるように挑まなければならないので人は疲れやすいのです。

新しい鍬は、土をたたくような感じで土を軽く起こしていく、これは人

寒中の紫根染めをする大典さん

紫根染めの糸

があまり力を入れずにできる作業だけど、土は浅くしか返らない。それに気が付いたとき、他の道具、ざるとか鎌とか新旧いろいろと使って比べてみると、近代の農機具は「人側」に立って作られていたことに気が付き、山岸さんは「土は水はけが良くて喜ぶ、種がうれしがって芽を出す、植物側に立った道具は、確かに人にとって苦痛な部分もあるけど、出来上がりに差が出ると私は感じる」と言います。試しに使ってみました。素人の私でさえ土の返りの手ごたえが伝わってきました。その違いはくっきりと判るのです。昔農夫には腰の曲がった方が多かったけど、作物の成長を中心に考えてくださってのことだった、と今更ながら感謝の気持ちがわいてくるのでした。

土に優しい道具から、今度は糸に優しい、染料に優しいと山岸さんの使う道具は、すべて自作です。「機械は均一性を出すので、それはそれで美しい。しかし私は手で作り出すものに、生涯をかける気持ちでこの道に入ったのですから、すべての素材が生きることを優先したいと思うのです

手で広げます

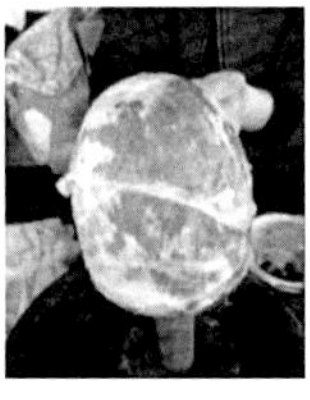

広げた真綿をつくしにかぶせる

山岸さん手製の糸繰り機

よ。」

　それは蚕が頭を振り振り口から糸を出す、それがゆっくり8の字を描いている様子、そうするとその糸がまじりあうところに手を入れて中を広げ、蛹を送り出して繭を広げて真綿を作る。その真綿から糸を引くのに、蚕が時間をかけて繭を作るその速度を参考にしながら糸を引く。無理なく糸が引けるように道具を考案した山岸さん。

「昔の人が使っていたのを参考にさせてもらっただけですよ、糸に無理がなく、私自身も使いやすいという道具です」

　さて常に自分自身が使う身のまわりの道具、畑、植物から目を離さない山岸さんの目に思いがけないものが映ったのです。

　なんと！　自営の紅花畑に、ある日白い花をつけた紅花が三本――その種を増やし平成18（２００６）年名前を「保光」と名付け品種登録をしました。こちらは花ではなく葉から染料をいただいています。

「保光」の葉からはやわらかくて優しい黄色が染まります。

天蚕・家蚕・黄繭

「保光」という白い花の紅花

真夏に紅花を摘み厳寒に染める

山形は元禄時代から紅花の産地として栄えていたので、紅花の栽培については知識のある方も資料も豊富です。最上川の紅花は、「紅花餅」を作り、その原料を京都に送り、顔料（化粧品として）の京紅づくり、そして漢方薬に。染も基本は京都で行われていました。

二十四節気の「清明」のころ種をまき、半夏生のころに花が咲き始め、小暑、大暑が花盛り。花摘みは早朝4時から8時の間に行われます。紅花はバラ科なので棘があり朝露が乾かないうちに摘むことで指を痛めないコツです。

花弁の元をそっくり摘み、花洗い、足で花踏み、莚に花びらを広げ時々水をかけて花蒸し、木臼で花を搗き花餅をせんべい状に作ります。伝統的な紅花の花餅つくり、山岸さんの工房でもこの工程で花餅を作り冬まで温存しています。

平安時代藤原忠平【８８０～９４９年】によって編纂された『延喜式

紅花もち

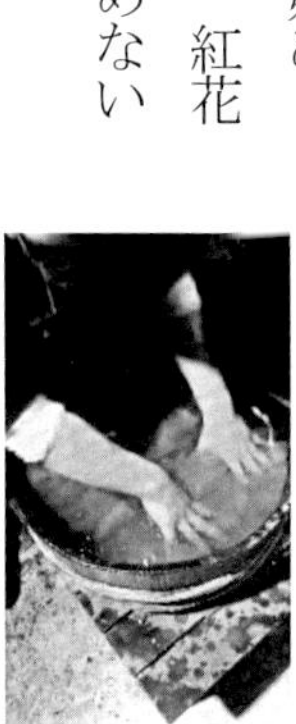
紅花で糸を染める

紅花で染めた糸を干す

50巻』の中でも、紅花餅の作り方や染め方が綴られていて、韓紅《からくれない》は濃い紅色・中紅《なかくれない》は赤い色、退紅《あらそめ》は桃色、濃き赤は厳寒の水で染めるとよいとされているのです。この時代には紅花の栽培地も決まっていて、「山に霧がかかりその霧が山裾に降りてくる場所が紅花栽培の適所」とあるのですが、最上川流域は無論のこと、山岸さんが住む赤崩の場所もまさにそのような地です。

紅花の寒染めはまさに小寒のころの水が最適です。

「染ものは、水芸ですよ」

水の中の成分も大切な要素ですが、その季節の水の温度、山から里に降りてきた水のその日の心持、時間によっても変わる水の表情、それらの集合体が紅花の色を決めると山岸さんはいいます。

染める時間も丑三つ時、つまり夜から朝に代わる時間、動植物が寝静まっている時刻の水に会うと、紅花の色がさえるし艶が出て色も褪せにくいものだというのです。

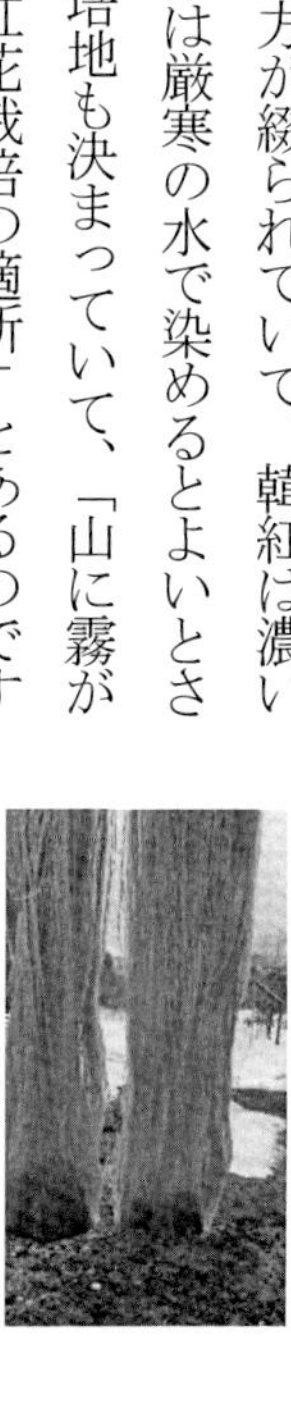

紅花で染めた糸が雪に映える

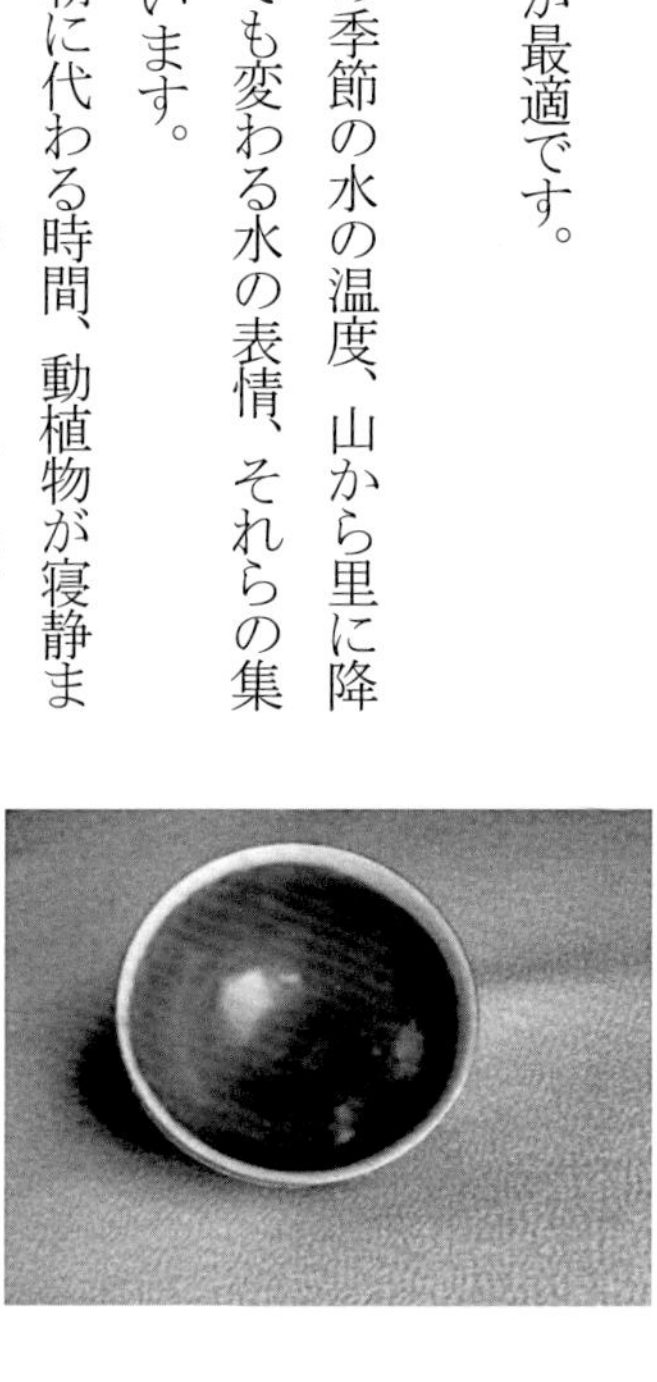

紅（口紅）

その時期を狙って私は四度ほど仕事場にお邪魔しました。一度目はまだ山岸さんが青年のころでした。作業場は火の気は全くなく、電球の明かりだけが手元を映し出します。

ここ赤崩は米沢でも豪雪地帯、窓からの雪明りの中、染められた紅色の糸が水の中から顔を見せます。山岸さんはその糸をさもいとおし気にゆっくりともみ、糸の表情をしっかりと見極めては、「米酢」で作った液を注ぐと紅花の赤がさらに深まっていくのです。

糸に染め色が移り住むその作業を何回か繰り返し、染液から出した糸に風を当て、手でさばいて水気を切り竿に干します。そしてしばし休んだ後また糸を染液につけ糸の表情を確認しながらゆっくりと糸の中心まで染液がしみとおるように、静かに静かに糸をもみほぐします。ピーンと張った冷気の中、糸を動かす乾いた水の音だけが響きわたります。

染め上がった糸の束を持って、外の小川で水洗い、積もった雪をかき分け足場の安全な水の流れを見つけ、腰までつかりながら糸洗い、染め上がりの具合を一本一本丁寧に見分けしながら糸を洗います。水の中を流れる紅色の糸はまるで少女のように躍動していて、見る者に希望を与えてくれるようで幸せな瞬間でした。

洗い終わった糸を外の物干し竿に干すと、その時を待っていたように太陽が昇り始め糸との出会いがまた糸の表情を王女様のように変えて、品格を持って朝の風になびきます。

この糸はさらに一年以上、色によっては十年寝かせ更に10回染め重ねたりして、初めて機にのせるので、織りあがった布の美しさは格別な味わいがあります。

二回目の訪問の時は「米酢」が「**烏梅**《うばい》」に代わり、媒染の発色に使うことで、色に深みが出て、それでいてふっくらと優しくなっていました。

「烏梅を加えるときは右回り三回、左回り三回、そして最後に十文字を書いて混ぜるのをやめると、染液が真水のように美しくなる」

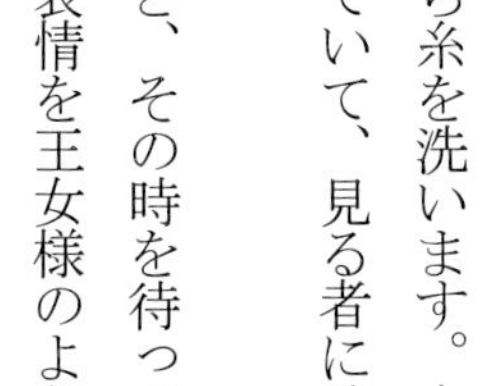
雪中の寒染

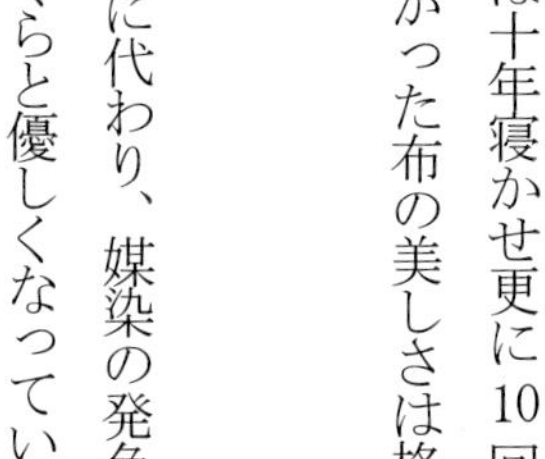
烏梅
烏梅とは梅の実を加工したもの。

「鳥梅」に出会ったのも、紅花の持つ本来の色を糸に移したいという強い思いの中で出会ったのです。

「強い思い、本当に今の自分に必要なものとは、必ず出会いがある」

そう信じて生きている山岸さんのところにあらわれた「鳥梅」は奈良月ヶ瀬の中西家のものでした。

鳥梅は漢方薬として古くから民間で、下痢や腹痛を止め腸の免疫を高める効能があるので愛用されていました。この「酢」の効果は、使えば使うほど、紅花染を一層輝きのある色にしてくれます。

半夏生のころに落ちた梅を松やクヌギ榊の木を焼いて燻して仕上げる鳥梅、半夏生のころに咲きはじめる紅花の花、この二つの融合は自然の営みの中で繰り広げられている神秘性だと思わずにいられません。

先人が残してくれた文化をさらに尊いものにしたい

訪問を重ねるごとに、畑は広がり、作物の数も増え、クヌギの木には天蚕が住み、家蚕の量も増え、藍、茜、紫根、染料に使う植物の数も多くなり、媒染に使う椿の木も成長して、ついに長男の大典さん長女の久子さんも立派な染織家に育ち、東日本染織工芸展はともに受賞という快挙、大典さんはフランス料理のシェフの道を歩んでいたのですが、父の姿を見て染織の道へと転向。「素材に耳を傾けながらモノを作っていくということでは、染織も料理も一緒ですからね」と紫根染めの手を休めずに語ってくれました。

「手仕事は素材を生かす、植物染料は人間の精神性が求められる、だから自然に対して謙虚な気持ちでいなければね、これ父の言葉です」

繭から真綿にしてとった糸には、セリシンが残っているので、糸に色素が付着しやすい、そのため染め重ねるたびに、色が刻々と染まり続ける、その様子を見続けているとワクワクしてくるんですよと大典さん。

この地に住み始めて50年、始めは「客土」と言って上質の土を買っていた時代もあったそう。そのうち自然の営みに素直に従う気持ちになっ

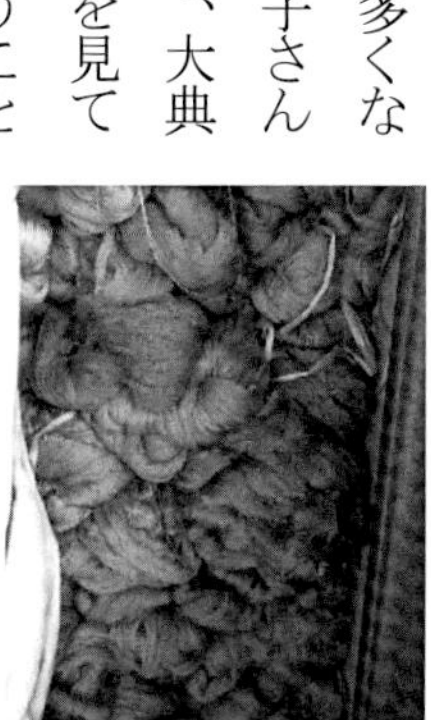

紅花で染めた糸熟成中

たら、土地も肥え、家族の協力、周りの人々の応援もあって、この地がどんどんにぎやかに豊かになってきたといいます。

機械織から手織りに代わったとき、糸が緊張していないということに驚き、生きている人が身に着けるべき布はこれなんだと、そういう布づくりをしているのは「**結城紬**」と判り山岸さんは織りの修行に出かけています。そこで身に着けた手織りの技術と、真綿からの糸作り、その二つの技術を会得して、「糸はモノの本質」という哲学のもと、自らとった撚りをかけない平糸に、自ら育てた畑で採れた植物で染める、しかも旬の命をいただくのですべての行動に早さが必要です。

人の時間より植物や糸の時間を大切にする習慣は、自然との順応性が求められます。でもその時間を楽しんでいるのが山岸幸一という染織家です。

山岸さんといると水、風、太陽、土、が私たちを豊かにするために守ってくれていることを痛感させられます。

染めあがった糸が並んでいる

結城紬
茨城県・栃木県を主な生産の場とする絹織物。奈良時代から続く織物で、本結城の工程は国の重要無形文化財。ユネスコ文化遺産に認定されている。

山岸さんが、これからも更に大事にしたいのは「水」。どんな植物でも水によって、命が盛んになるといいます。植物そのものの純粋な色を出すには、酸素が豊富で発色を促す水が大切。そして染料を発酵させるバクテリアを含んでいれば尚上等。山岸さんの住む、この赤崩の水は、それらに加え微妙な鉄分をも含んでいるので、草木染めの作業には充分な水の応援が可能です。

検査の結果、更にアルカリをも含んでいることが分かり、美しくて奥深い色を出してくれる「水」の存在に感謝しかないと山岸さんは云います。

常に自然との交流を生活の基盤に置いて仕事をしている山岸さんに、この土地が与えられたことは、自然からの大きなプレゼントのような感じがしました。

第三章　種から布へ

自然と共に作る布づくり

白井仁さん

「2009年からワタづくりを始めました」

前書の『きものという農業』の発刊が2009年でした。取材は一年前、そのころ日本の木綿はほとんど紡績木綿の輸入品で、着尺用の「**和棉**」の生産はゼロ。国産のワタの種を探し当て栽培を始めた田畑健さんを千葉鴨川の畑に訪ねたのは5月でした。田畑さんは今はもう亡き人となり、奥様が志を継いでいます。

今回も種からワタを育て布を織っている方にはなかなか巡り合えずにいたのですが、表紙の装丁をお願いした「**熊谷博人**」さんが「千葉の流山でワタの栽培から織までをやっている方がいますよ」と…。早速連絡を取って流山に伺いました。千葉、そして5月の取材。何か田畑さんに導かれている感じがしました。

お会いした第一声が冒頭の言葉、和棉ゼロの日本から、こうしてワタを

棉の種

和綿
和木綿を加工してつくった木綿わたのこと。

熊谷博人
装丁作家。

愛する人が誕生していたのだと感慨無量。「心を込めて作られた美しい布を見ると、ワクワクします」

お迎えの車の車窓からは新緑の芽吹きが美しく、その景色に目を移しながら

「布づくりをはじめられたきっかけは？」

という私の質問に前述のような思いがけない答えをいただきました。

裁縫箱に入っている小さなはさみや糸や針を眺めて、これらを使って何かを作ってみたいなあ、と小学生のころ思ったそうです。

おしゃれにも興味があり、いろんな形の洋服やかっこいい靴も履いてみたいと心は動くのですが、何か気恥ずかしく、少年時代はサッカーや相撲またピアノにも興味をむけ、おしゃれな恰好より、ジャージーを着て体を動かしている時間の方が多かった、と苦笑する顔が温かい。

しかし自分の手で何かを作りたいという思いは捨てがたく、やがて洋

棉の苗

服を作るというデザインの方に気持ちが向かっていき、桑沢デザイン研究所ドレスデザイン科に入学します。

自分で考えた洋服のデザインに合わせる生地を見つけて歩く時が一番の楽しみで、納得するまでいろんな生地の専門店を歩いているうち、今度は洋服の形より「生地」の方に自分の心が強く動いていくので、最後の学年では迷わず布づくりの勉強ができるテキスタイル科を専攻し機織りの基礎も習得。卒業後は沖縄に移住し染織の勉強に励むことになりました。

棉の花

ワタの栽培も沖縄で習得

「どうしてワタだったのでしょう？ 沖縄にはいろんな繊維の布があったと思いますけど」

「確かにいろんな織物の勉強をしました。出会いですかね、自分の気性にあっていることもあり、また自分の目の届く範囲の中で、ゆっくり布づくりができるという感覚を持てたのです」

２００９年には沖縄県宜野湾市でワタの栽培を始めました。

沖縄には若手の染織家も多い、そういう人たちとの仲間づくりの中で、また沖縄県工芸指導所で絣技術や糸染めを学び、白井さん自身の行く方向も見えてきた10年目に沖縄を後にしました。

そして家族を持った白井さんは33歳の２０１１年からワタづくりを千葉の流山で始めたのです。

日本からどうして木綿の栽培が一時なくなってしまったのか、そしていま「和棉」の栽培が少しずつ始まってきました。でも白井さんのように種から育て、すべての工程を一人で行い、長尺のきものを作る人はまだ少ないようです。

日本にはもともと木綿は栽培されていませんでした。古く平安時代に一度紀伊沖で難破した南蛮船の乗組員からワタの種が渡り育てたけど根付かなかったということが言われていて、鎌倉時代、室町時代までは木綿は舶来品として貴重な布でした。

綿

主に中国や朝鮮からの輸入であったのです。南蛮船で運ばれてきた古渡更紗などは高級品の木綿で、身分の高い人たちや裕福な人にしか手にできなかったのです。

江戸時代に入り栽培が盛んになると「絹」を着られない階級の人たちに一気に木綿のきものが広まり、日本国中北限は仙台藩まで木綿の栽培が盛んになって、綿織物も栄えてきました。

『おあむ物語』という本があります。戦国から江戸初期にかけての女性の日記です。

おあむというのは本名かどうかわかりませんが、父親は石田三成の家来で３００石の知行です。いまのお給料では10万円くらいでしょうか。朝夕雑炊（このころは二食なのでしょうか）衣類に至っては、13歳から17歳まで一枚の**帷子**《かたびら》を着ていたとあります。帷子というのは麻ですから、冬はとても寒かったことでしょう。

糸をつくっている

帷子
裏をつけない衣服の総称。ひとえもの。

そのおあむが晩年
「今の若い子は木綿のきれいなきものをとっかえひっかえ着て贅沢をしている」

ということを書いていますので、江戸の初期には庶民も木綿が手に入りやすくなっていたのだとわかります。

絹は養蚕農家がいて、繭を購入する会社、製糸する工場、織る企業が介在していましたが、木綿は農家が栽培し、糸取りも織るところも生産農家で出来てしまうという便利さもあり、また農家でワタづくりまでしてしまえば、ワタと種を取る綿うちもだれでもできる、布団屋はこの綿うちを習得して、商売が成り立っていったといわれています。

木綿の糸は植物染料の吸収もよく、特に藍染めには最適だったことから、野山で仕事をする人たちに好まれました。

また絹は上等すぎるし野山での動きに向かない、また麻も体から布が離れるけど（だから夏は涼しい）木綿は体にフイットするということで江

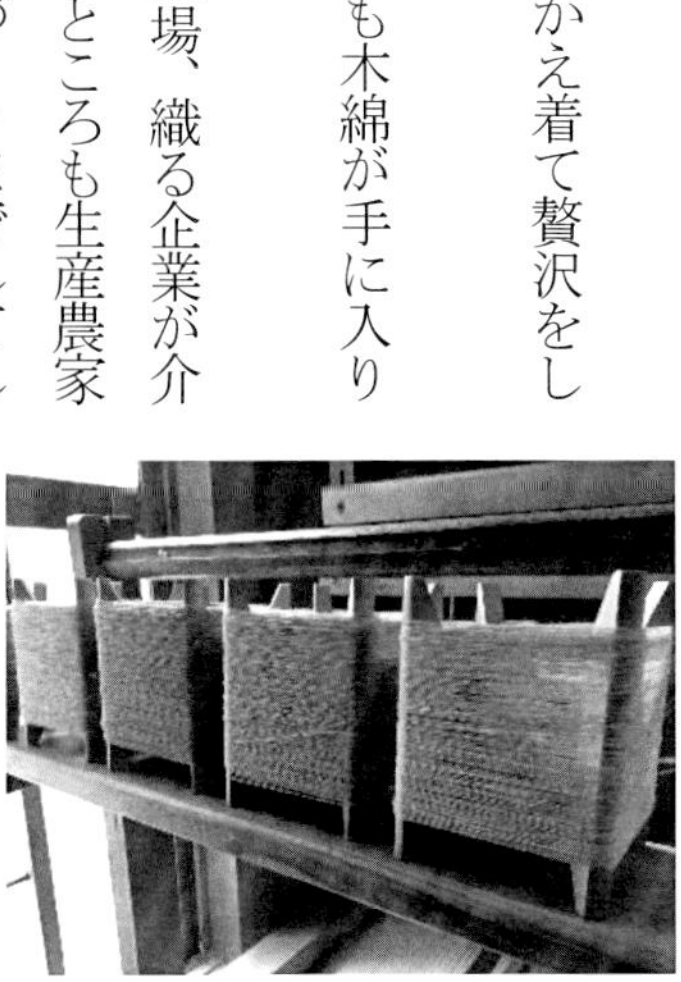
植物染料で染めあがった糸

戸時代の人たちは、新しい繊維のとりこになったようです。日本に昔からある絹と麻から人々は木綿に強く惹かれていったのです。また農家は木綿の栽培で大きく潤いました。

しかし敗戦を迎えた日本は、化学繊維に押され、木綿を栽培する農家は減り、ついには２０００年では、長尺の和棉を栽培する人は皆無に等しくなってしまったのです。

このような和棉の歴史の中で、白井さんは自分の畑を持ち和棉の栽培から木綿のきものづくりへと、心のこもった美しい布づくりを実現させてきました。

白井さんが畑に立つと、涼やかな風がほほをかすめていきました。部屋で話をしていた時より、一段と大きくなったような晴れ晴れとした表情で、顔を出したばかりの和棉の芽を静かに触ります。

そこで私は思い出したのですが、木綿には虫が付きやすいということです。

「虫はどのように駆除しているのですか?」

「虫も一緒に育つ畑にしたいのですが、ワタの成長に支障のある場合は仕方なく、手で取っています」

「まあ、それは葉につく虫ですね、根につく虫は?」

「土を起こす際にいるコガネムシの幼虫やネキリ虫などは、ほらあの谷の向こうへ移動させちゃいますよ」

優しい!

白井さんのワタとの一年を聞きました

「一月から三月は土を起こして、わるさをする虫を育てないように土の様子をしっかり見ています。

四月に木灰をまき、種をまきます。

六月間引き。花が咲くと可愛いです。オクラの花とよく似ていますね、同じ科ですからね、花がしぼむと実ができ、その後どんどん実が膨らんでいきます。実がパンパンに膨らんではじけると、ワタが出てきます。」

「畑がワタの白一色になるのですか？」

和棉の取材を始めた15年前、いろんな国のワタ畑の写真を、視察に行った方たちから見せていただいたのですが、実がはじけると、畑は白に染まっていました。収穫の時間を短縮するために、できるだけ一斉に実がはじける育て方をしているのだと聞かされたのを思い出したのです。

「いいえ、一斉に実がはじけるのではなく、時間をかけて、じっくりはじけていきます」

白井さんの育てるワタは小ぶりで、自分の時間で花を咲かせ、実を結ぶらしい。お話を聞いて、いかにも日本在来種という感じがしました。そしてはじける時間を静かに待つ白井さんのワタに対する温かい気持ちが伝わってきました。

九月上旬に収穫をはじめ十二月まで続きます。

白井さんのワタは、人間の作業の都合に合わせるのではなく自分自身の速度ではじけているのです。だから白井さんのワタを触わらせていただいたとき、混じりけのない暖かさを感じたのは、ワタそのものの生命が純粋だったのだとわかりました。

この間ほぼ毎日畑を見に行き、葉っぱについた虫の始末、元気のない木の手入れをしながら、しっかりみておくと、問題が早く解決しますから。台風の被害もあります。でもそれはそれ、やることをやったのだから仕方がないと諦めます。

収穫したワタは天日干しします。太陽を浴びるとふかふかになってワタは気持ちよさそうですよ。と白井さん。

ここから室内の仕事になります。

種と繊維を分ける、種は乾燥して固くなっています。来年のために冷蔵庫で保管。

糸をつむぐ──一本の繊維は大体1・5センチほど（通常は、2・5セン

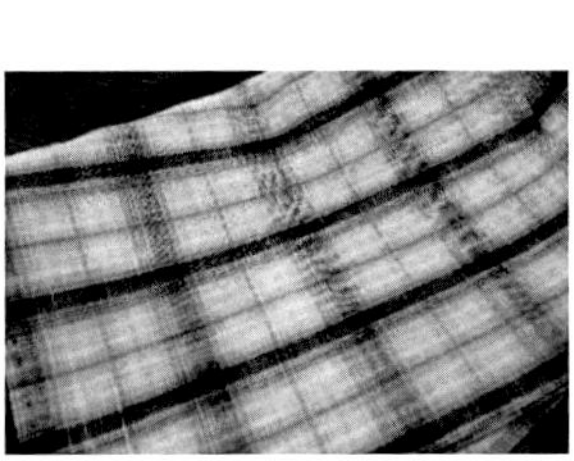
ぼかしがかった格子柄

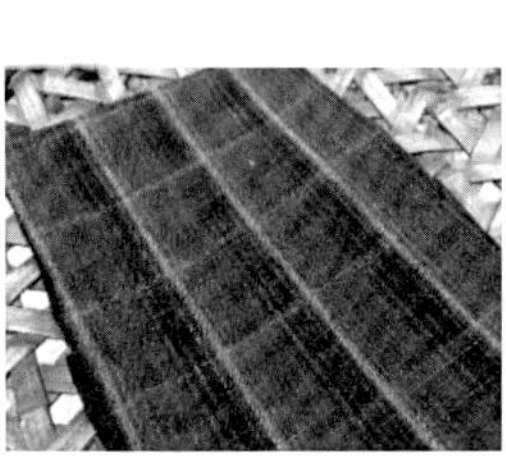
美しい格子柄

チ）、その繊維を糸車で絡み合わせ一本の糸にする。肌に感じが良いようにここでは糸のねじり加減を変えていく。

糸を染める―染料は白井さんの庭に植わっている枇杷の葉、百日紅、梅、ヤシャブシ、ヨモギなどの木や草を利用して染めることが多いそうです。またインド藍の藍色も白井さんの作品に欠かせない染料です。

そして機織り―経糸緯糸の設計図を作り、沖縄から運んできた手織り機で織っていきます。

「一日何センチくらい織れますか？」

「織る布の柄や糸の細さなどありますので、一日に織れる布の長さはいろいろです」

白井さんの制作した設計図は綿密で美しい

「この設計図を見ているだけで、どんな反物に織りあがるか想像すると楽しいですね」

「そう思われるでしょう？　でも糸の時は美しいのに織りあがったらなんだか違う、ということも数年に一回くらいありますよ。ですから逆に惹かれるのかもしれませんね」

　翌年種を冷蔵庫から出してぬるま湯の中に入れ、種が動き出すまでそれを繰り返すと、小さな根がでてくるのだそうです。それを土に植えると一週間ほどで芽が出て子葉が開き始め、梅雨明けまでゆっくり成長して、梅雨が明けて夏になると、ぐんぐん大きくなり
「毎日畑に行くのが楽しみです」
とおっしゃっていました。

　織り上がった反物はこまやかな縞やぼかしを入れたような格子柄で手に取るとふんわりと肌に優しく、手をかけて愛をたっぷり注がれた反物だということが胸を熱くします。

「一年に一枚は家族のために織っていきたいと思っています。息子用には上着、保育園で使うシーツやタオルケットを包む風呂敷、妻には着物や草履の鼻緒など作りました」

ご自分が織ったものを、家族が使っているのを見るのは幸せと、やや恥じらいながら語ってくれました。

帰りの車に乗っていた時、いきなり窓を開けて車の速度を落としたので、何事？　とみると、小学生の男の子が手を振って合図をしていました。

「息子です」

白井さんの顔がほころびます。

お子さんとこうして近じかに会える距離で、仕事も生活もできるということが、なんとも自然で穏やかな日常なのだろうかと感じ

「これからの日本人の生活を先取りしていらっしゃるみたいですね」

白井さんは嬉しそうにうなずいて車をもとの速度に戻しました。

好きな仕事だけをして生計を立てるというのは、家族の理解がないとなかなか続けられるものではないと思います。

さらに自然が相手、気象状況で悩まされる時もあるでしょう。しかし自然の意にかなったモノづくりこそが、これからの日本を支えていく根幹産業になっていくように思うのです。

白井さんがワタと向かい合う真摯な態度と深い愛は、そのまま家族やまたご自分の作品を着る方にも注がれているのだと感じました。

あの織りの設計図を拝見したとき、すべてに対して丁寧に接し、いい時間を過ごしていらっしゃる染織家だと思いました。

白井さんの繊細な布づくりの姿勢に接して、その布を手にし、身にまとう人の喜びがどんなに深いものかを察して、静かな感動をいただいたものです。

第四章　郷土の産業を継ぐ

昔この地にあった養蚕を復活させる

「トヨタ衣の里プロジェクト」大林優子さん・都築浩一さん

二人に初めてお会いしたのは豊田市の山間部にある稲武町の「まゆっこセンター」でした。

ここ稲武町では天皇陛下の即位式大嘗祭《だいじょうさい》用の「繒服《にぎたえ》」また伊勢神宮への春夏の絹糸の調進をしているところで、その日は平成の大嘗祭の時に調進した糸を拝見できる、希望者は桑の苗の植樹もさせていただけるとのこと、私はモンペ持参で参加。

ちょうど私は令和の大嘗祭に向けて安間信裕さん（民俗学研究家）との共著『麁服《あらたえ》と繒服』（電波社）の出版を終え、安間さんのご案内でのんびりと山並みドライブを楽しみ、久しぶりに土の感触を堪能していました。

いよいよ本日のメイン「繒服と同じ糸の登場！」桐箱に納まった糸をつかんだ瞬間「何これ」という私の表情を見逃さなかった大林優子さん。

都築浩一さん・中谷比佐子・大林優子さん

繒服

麁服と繒服　天皇即位の秘義践祚大嘗祭のときに用いられる絹（繒服）と大麻（麁服）。

桑の植樹祭

はじめましての挨拶もそこそこ「何が変だったのか教えていただけませんか?」、表情に出ていたのかと後悔すでに遅し、訊くと優子さんは心理カウンセラーが本職。なるほどという思いで、

「実は繪服の糸は今まで触ったこともないほどのいい糸だろうという期待があったのね」

「それがなかったということですか?」

「ではどんな糸がいい糸なのですか?」

と畳みこんでの質問、知っている限りのいい糸の話をし、

「この地は本来「上糸」といわれ日本一の糸が生産されていたところですよね、犬頭糸は繪服用、赤引き糸は伊勢神宮への調進という」

さらに安間さんが調べ上げたこの地の養蚕の歴史を聞きながら、優子さんと同じ思いの都築浩一さんも加わり、話はいかにしてその伝統をつないでいくかという内容にまで深まっていきました。

繪服に使われた糸と同じ

大嘗祭で使う繭の印

それは遠く神代の時代までさかのぼるのですが、ニニギノミコトがこの地球上に降りてくるとき、二人の神様が護衛につきます。一人は政治の補佐をする中臣（のちの藤原家）もう一人は人々の日常の生活をより豊かにするための職能指導の忌部。その忌部一族は林業、漁業、田畑、養蚕、建築、工業など、人の生活に必要な職能の指導をつかさどっていたのです。

今でも昔養蚕の盛んであった地域の神社に行くと、その由緒に必ず「忌部の人たちの手によって教えられた―」というような文言が書かれています。

さてその忌部族は土地を見る目が鋭いですから、一番いい糸が取れるであろう地はこの「三河」と定めたのです。平安時代に編纂された「儀式帳」には繪服が三河から調進されるのが習わしになっていますから、それ以前からこの地は桑がよく育ち、最上等の糸が取れていたわけでしょう。

古事記では天照大神が**神御衣**《かむみそ》を織っている描写がありますが、繪服がまさしくそれで、糸はいまの豊田市界隈で作り、**神服部**《かんはとり》という家柄の人が

家で育てていた蚕

神御衣
神様の衣をあらわし、「赤引糸（あかびきいと）」は清浄な絹糸を意味します。

神服部
伊勢神宮に属して神の御衣を織る者。

絹糸を調進し、京都の神服殿で神服部が織りあげたということです。現在でも繪服は同じように、豊田市の稲武町で糸を作り、京都では斎場をこしらえそこで織っています。

この繪服と伊勢神宮への春秋の調進は南北朝時代にいったん途絶え、400年後の大正天皇の大嘗祭の時から復活していますが、其の400年の間に、いろんな技術が途絶えていることも確かです。

稲武町で作る糸は7個の繭から一本の糸を作っていくという、非常に繊細な糸作りでした。通常は17個とか21個の繭から一本の糸をとるのですから、稲武町の糸の細さは繊細です。

その繊細な糸に会えるのが私は楽しみだったわけです。

桑の新芽

わが町の伝統を残す！

大林優子さんは、心理カウンセラーの立場から、人々の心の揺れをどう解決するかということを日夜考えていました。

あるとき高齢者施設でワークショップを開いていた時、93歳の方が
「昔は今みたいに物もなかった、食べるものもなかった、だけどみんな優しかったな、そして今より豊かだった気がするし笑顔の人が多かったように思う」

とおっしゃいました。

その言葉の中に「人との触れ合いがいかに大事」かということを気づかせてもらったといいます。それから人が楽しいと思うことは何かという勉強を始めた時、都築浩一さんとの出会いがありました。

都築さんは定年をまじかに控え「第二の人生をどう生きるか、何をするのが自分にも社会にもいいことなのだろうか」を考えていた時、あるセミナーで大林さんと出会い、自分たちが生まれたこの地で、何か役立つことをしようと意気投合し、それがこの町の伝統を次の世代につなぐことだとわかったのだといいます。

「その伝統が養蚕だったのですね」

「ええ。それと、子供たちの心理カウンセラーをしているときも、命の尊さを感じ取る子供が少なくなっていることに気が付いたのです。」

東京の都心に比べればまだ自然が残っているけれど、それでも自然から受ける恵に感謝するという気持ちも薄らいでいる現代っ子「自然と向き合ってこそ生まれる自然からの恵み、これはお蚕さんから学べるかもしれない。と思ったのですよ」

稲武町には養蚕農家はもう一軒しか残っていません。50年前までは500軒以上の養蚕農家があり、製糸工場、繭問屋、繭の取引所などがあってお蚕さんのおかげでこの町は潤っていたのです。

30年前の養蚕農家

42歳の大林さんはその賑わいを見たことはありません。しかし65歳の都築さんにはかすかな街の景色がよみがえります。幸い都築さんの奥様明子さんは家庭菜園をしていたので、その畑にまず桑の木を植えることから絹づくりのスタートです。それが2018年から始まりました。

三年間、大林さんと都築さんは全国の養蚕農家を回り、また製糸工場や、絹の研究家などに会い、さまざまな勉強を重ねていきました。

「驚きました。今、たったいま養蚕の技術を習得しないともうこの技術は絶えていきそうな気配だということがわかり、愕然としました。急ごうと駆け回りました」

国産の絹の自給率が1%を切っていることを知らされた時の落胆。養蚕農家の50%が70歳以上の高齢者。しかもその養蚕農家も全国で200軒を切っている状態。

養蚕に必要な道具も「もう焼いてしまった」「壊して薪にした」という話ばかりの中「使ってください」と噂を聞いて運んでくれる昔の養蚕農家の方々。ずぶの素人が直面するのは「蚕」の育て方ではなく、それ以前のどういう道具を使えばいいかのレクチャーが必要。二人はいろんなところに足を運んで学んだのです。それはただ一つ、わが町の歴史を知り、その伝統を次の世代にしっかりつなぎたい、という熱い思いです。

絹の良さを理解するために、大林さんと都築さんは、まずきものを身に着けて絹を感じることから始めました。そして絹で出来たあらゆるものを身に着けたり試してみる、石鹸や化粧品など、そして絹の強さしなやかさ、肌に良いことなど具体的に納得していよいよ蚕を飼育し始めました。

生糸にできる繭を作れてこそ一人前

都築夫妻が手始めに自宅で蚕の飼育を始めたのが２０１９年、春蚕は順調に育ち、きれいな繭を作りました。温度調節、桑の葉を与える加減、各地の先輩たちに教えられた通り必死です。片時も目を離さず、夫妻は子供を育てるように愛情いっぱいそそいで毎日様子を見ながら育て上げたのです。

出来上がった繭を恐る恐る岡谷の宮坂製糸にもっていったところ「とてもいい糸が取れましたよ」との連絡で三年間の努力が報われた瞬間でした。

30年前の蚕室

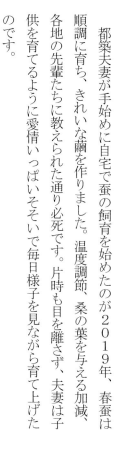

２０２０年3月21日に「トヨタ衣の里プロジェクト」を立ち上げ豊田市小原に土地を借り、設立記念に３００本の桑を植え、教えていただいた人たちに植樹をしてもらいました。

そして２０２３年は５２０本の桑を植え、１万６千頭の蚕の種をふ化させました。

「この土地は30年前までは大きな養蚕農家だったので、土地が桑の木を容易に受け入れてくれたようです」

しかし天敵がいました「カモシカ」です。昨年は芽吹きの桑の葉を全部食べられたそうです。そのためあちこちの野生の桑の葉を頂戴してきては蚕に与えたけれど、出来上がった繭はやはりきちんと育てた桑の葉を食べたほうがいい。ということも学べたと都築さんは笑います。

蚕を育てる小屋も30年たてば荒れ放題、またカモシカ対策には大きな網も必要、更に周囲は竹藪が広がっていて、その根を掘りあげる労力も必要。自宅で静かに飼育していたときと違い「養蚕農家」を目指すには、い

天敵のカモシカ

ろんなハードルを越えなければなりません。

私費をつぎ込むのも限りがあり、まだ繭が売れるまでにはなっていません。そこで大林さんは「クラウドファンディング」で資金を集めることを思いついたのでした。そのニュースが地元の新聞に出ると「全くお会いしたことのない婦人がいらして、『うちは繭取引をしていたの、私がやらねばならないことを、お若いあなたがなさってくださってありがとう』と大金をくださったんです」

地域の高齢な人たちが、昔の栄えていたころの町を思い出し、いろんな助言をしてくれたり、差し入れを持ってきたり、若い人は労働の協力を申し出たり、またシルクを扱っている店から、糸の購入注文が入って、思わぬ地域おこしになっています。

「地域の活性化はもとよりですが、私はこの養蚕事業が、各地に飛び火して、地域に根づく産業になっていくことを願っています。そうしたらその地にあった製糸業もまた動き出すかもしれませんしね、ひいてはきもの

カモシカ対策の網張

を着る方もどんどん増えるでしょう」と大林さん。

「その地で生まれた蚕の糸で出来たきものを着るというのが一番贅沢かもしれませんね、それを狙いたいんですよ」と都築さん。


豊田市には二つのブランド糸があります。

一つは犬頭糸、この糸はまだ蚕が外の桑の木に住んでいたころ、犬がその蚕を食べ、口から糸が出てきてその糸を郡司が引っ張っていたら犬が死んでしまい、可愛そうだからと犬を桑の木の根元に埋めたところ、その桑から毎年美しい蚕が生まれ、繊細な糸が取れて郡司の家が潤い、噂が広がり天皇に献納することになった、それが繒服の始まりだとする言い伝えがあります。

二つ目は赤引き糸、**大宝律令**に見える三河の糸、これには伊勢神宮に毎年春と秋に三河の宝飯郡赤孫郷にある赤日子神社から奉納することが定められていて、２０１９年からは熱田神宮にも献納されています。炭で煮

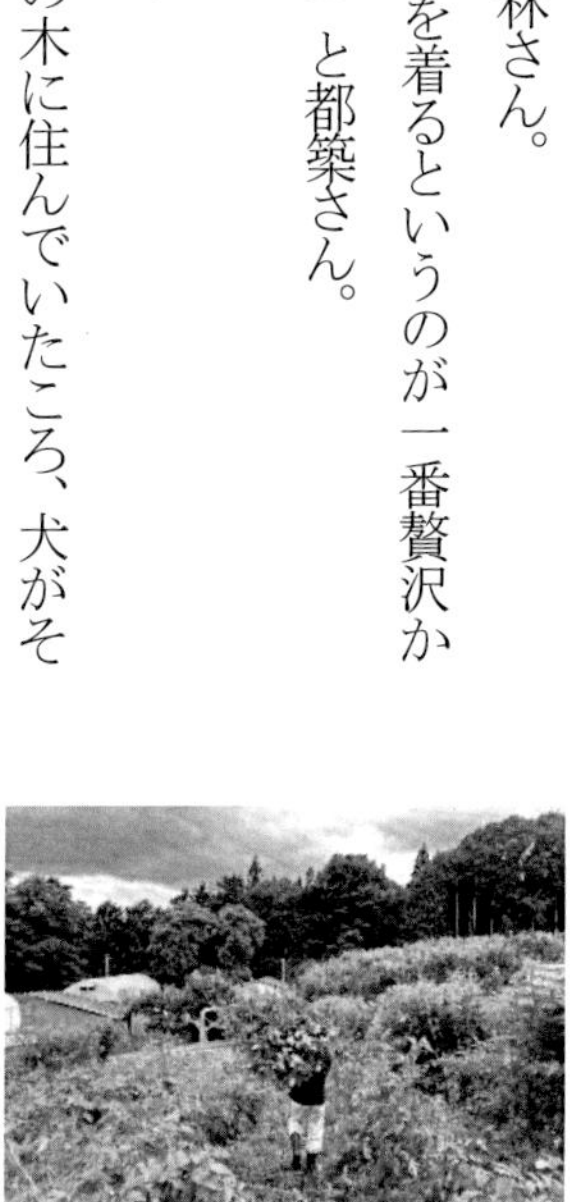

桑が育った畑

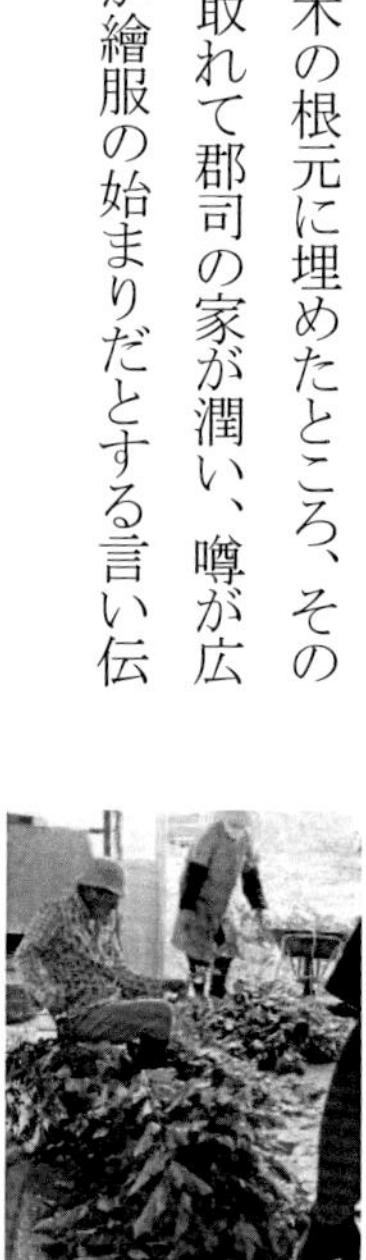

桑の採集

大宝律令
７０１（大宝一）年に制定された律令政治の基本法。

たてたお湯に繭を入れ、だるまと呼ぶ足踏みの繰り糸機で糸を取ります。この方法を古来から続けているのが赤引き糸といわれているのです。

繪服、伊勢神宮、熱田神宮への献納糸は今でも稲武町の方たちが伝統を守りながら作り続けています。

この繰り糸機や織機はこの豊田市からの発祥、トヨタの自動車の元は糸繰機にあったのです。

「トヨタ衣の里プロジェクト」が自動車のトヨタのように世界に羽ばたく日が待ち遠しいものです。

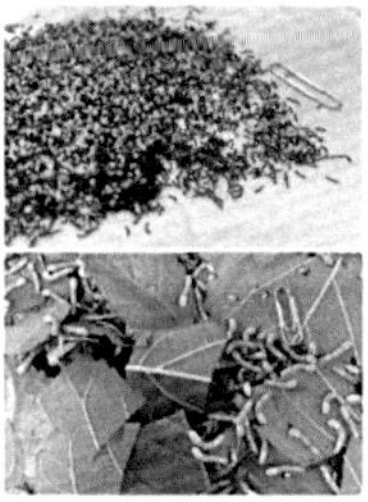

自分で蚕の孵化をさせた

令和五年七月十七日

大林さんたちの「春蚕」の繭が出来上がりその繭が岡谷の「宮坂製糸工場」に運ばれて来た日、私は丁度岡谷蚕糸博物館にいて、同敷地内にある、宮坂製糸工場に出向いたのです。そこで社長から、大林さんたちの育てた繭がとても素晴しく、きちんとした美しい糸ですよ。と見せていただきました。

まだ繭の中で蛹が生きている間に、取った糸は艶があり、とてもとても新人の養蚕農家の糸とも思えません。

「大したものですね」

「きっと養蚕が好きで、蚕をとてもていねいに扱っているんでしょうね」

たしかに、大林さんと都築さんのコンビは
「とにかくきちんと育てたい。昔の人が、おかいこと云って、蚕と共に生活をしていたように、蚕によりそって、いい繭をつくりたいです。」

まさしく二人の思いが結集した糸が出来上がったのです。蚕の種を購入し、きちんと「ふか」させて、桑の葉だけで育てていく、現在は「三齢」まで**人工飼育**という養蚕農家が多い中、大林さんたちの蚕に対する愛の深さを感じます。

この美しい糸が、更に人の手によって、きものやまたスカーフなど、人々にうるおいを与える日も、そう遠くないように思いました。

人工飼育
桑の葉やとうもろこしを粉末にして与える人工の飼料で育てる。

第五章　情報を与え合う

日本紫根・日本茜、大地の色をきものと帯に生かす

江戸古法染め　高橋孝之さん
京絞り　寺田豊さん
爪掻き綴れ　服部秀司さん

それは２０２１年、北風吹きすさぶ東京は高田馬場「高孝」さんの作業場に伺ったとき、中から少年たちの声のような歓声が上がっていて、何事？　声もかけず扉をあけて中に入っていくと、染め上がった紫の絹糸を手に、三人の元少年たちが顔を上気させてはしゃいでいました。

「まあ綺麗」とそれぞれ手に持った糸に顔を近づけると、同じ紫でも微妙に色が違っているのです。

「何かの実験？」紫根で染めた糸を同じ分量、同じ時間を図り、東京の水、京都の水で染めてみたら、昔から言われているように東京の水では青みがかった紫、京都の水で染めたら赤みがかった紫になったとの検証に三

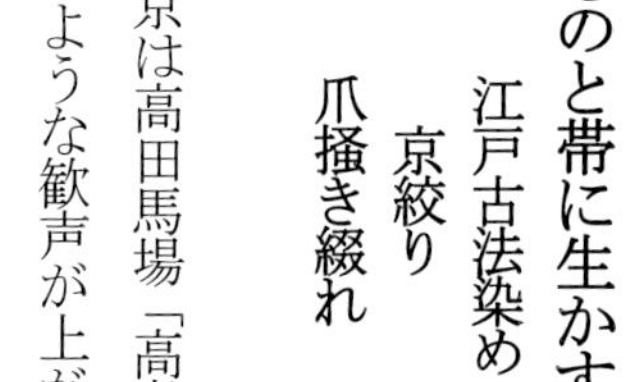

右から服部秀司さん・高橋孝之さん・寺田豊さん

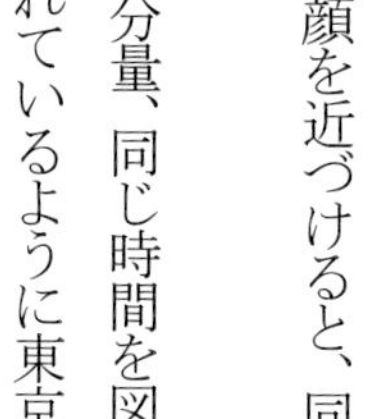

染織三人展ポスター

人は興奮していたところでした。

この工房の主高橋孝之さんは、ここ高田馬場で生まれ育ち、三兄弟ともに父親が始めた「東京手描き友禅」の仕事を継ぎ、墨流し、江戸更紗、糸目友禅、手描き筋描き、ろうけつ染めなどなど、江戸古法といわれる様々な技術を持って東京の染色家たちのリーダー的存在。

父親は板場の親方的な立場にいたので、各地方から友禅の腕を持つ「渡り職人」たちが集まり、様々な手法をこの工房に定着させました。

高橋さんはその手法の一つ一つを学び身に着け、独自の感性で今は余人がやれない、フリーハンドで描く縞や、やはりフリーハンドで表現するドットの細かい柄や風景描写などに挑戦、「糸目友禅や型染友禅」の手法がまだ染場に定着しない前の染の技術に挑戦しています。

その線上で染めもやはり植物染料だと悟り、先ずは白樺の樹皮で縞を染めたのが植物染料との出会いでした。それは30年前のこと。その時ともに植物染料を手掛けた仲間が服部秀司さん。

寺田さん江戸時代文楽人形の衣装を日本茜で染める

情報を共有しながら作品つくりの3人

服部秀司さんは京都西陣でつづれ織りの帯を生産する家柄。江戸時代から続く機屋です。もともと服部という名前の持ち主は室町時代から機織りに縁ある名家、日本の機織りの技術はもちろん、美しい色の美術品としての織物を後世に残していて、日本の美術工芸の先駆者の血筋でもあります。

服部さんの帯の手法は昔ながらの「爪掻き綴れ」、日本にしかない技術です。大正時代になって帯の糸も化学染料になり、かねてから、爪掻き織りの技術を生かすにはやはり糸を植物染料にしたい、と思っていました。

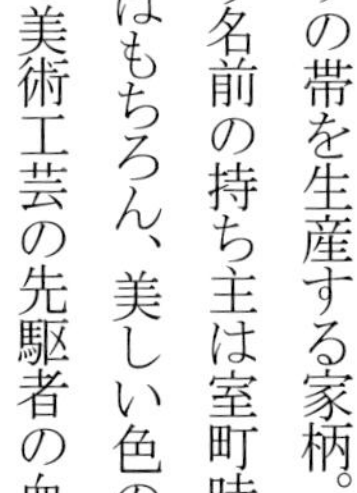
茜染めの糸

三人目は「京絞り寺田屋」の四代目、寺田豊さん。こちらも服部さんと同様、プロの職人を集めて作品を生み出すコンダクター的な家柄。時代の流れを読み、今何が必要かという感性を生かして、古い技術である絞りをいかし、デザインや色を決めていくお役です。

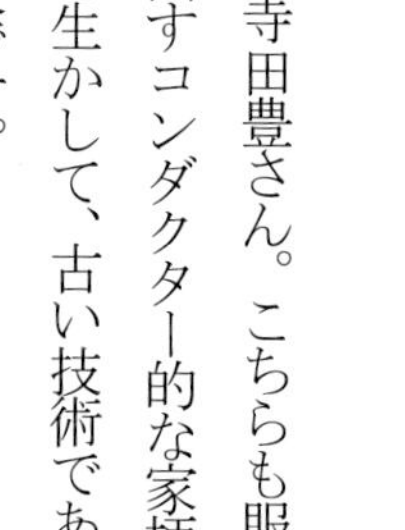

京絞り　寺田

一番ポピュラーの鹿の子絞りを基本にしてさまざまな絞りの技術を開

発してきました。きものというキャンバスに絞りだけの技術でいろんな模様に挑戦してきました。それでも古い時代の絞りの味わいが出せないということに気が付いたのです。そしてそれは「色」だとわかりました。

祇園祭りに出てくる矛の染織の色艶、時代祭りや葵祭で見ることができる過去の染織、時代を重ねても色が生き生きしている、むしろ色に深みが出ている感じさえするのです。

「化学染料は間違いなくきちんとした色を出してくれる、これはこれで素晴らしいと思うけど、基本の鹿の子絞りにもっと深みを持たせるには、ひょっとしたら植物染料かもしれない」と思った寺田さん、上賀茂神社から二葉葵をいただき染め色を出してみた、そして生地に染めた時の感動は忘れられない。色が染みわたり、その時布が染料を含むときの喜びのような感じを確かに受けた気がしたのです。

この三人は２００１年から年に一回一緒に合同作品展を浅草で開いて

紫根で染めた糸

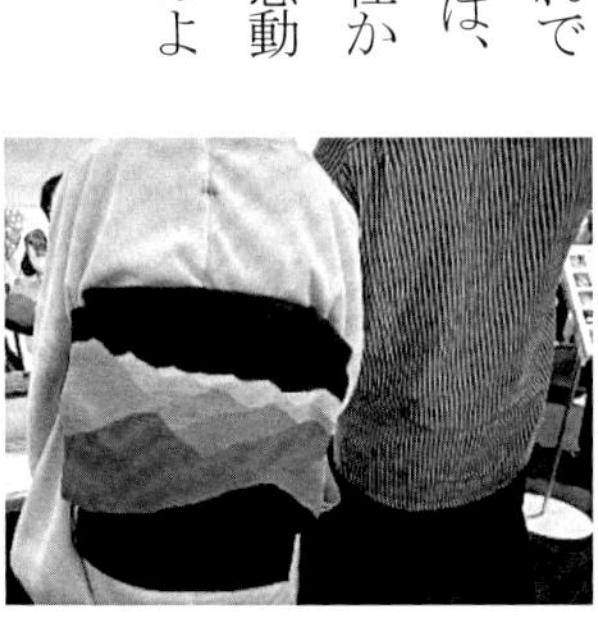
紫根で染めたつづれ帯

いた仲間でもあり、期せずして植物染料に目覚め、寺田さんの「すでに粉末としてあるものではなく、生産者とかかわって植物の本当の力を染にいただきたい」

この思いが日本茜の生産者、渡部康子さん、日本紫根を育てている舟木清さんとの出会いを生んだのでした。

茜農家の渡部康子さん

寺田さんに茜農家の渡部康子さんを紹介して頂いたのは、2022年の夏真っ盛りでした。京都南丹市美山町は、京都市内からあの美しい北山杉の山を越して、日本海に流れ込む「由良川」「三国岳」「頭布山」「長老山」という海抜900メートルの山と川に囲まれた地でした。近くには茅葺屋根の下で暮らす集落もあり、農村の原風景の中に、いきなり溶け込んだ感じがしました。

京都美山の茜畑

茜を掘りあげる

「美し山の草木舎」という手作りの看板を見て細い山道を登っていくと、目に映ったのは「梅干し」の天日干し。

思わず一つ口に入れてしまい、中から出ていらした渡部さんと不思議な初対面のあいさつを交わしたことでした。

この地はもともと「マンガン」（乾電池などを作る元）の鉱山のあったところで、人口は今（５０００人強）より多く、生活用品にも不自由がなく、農業が発達していて裕福な土地でした。

渡部康子さんは横浜市出身。就農開発援助関係の会社で働いていたのですが、将来は農業に従事したいと思っていた矢先、縁あって京都に移住、そのころ日本で唯一農薬、化学肥料を使わない農協がある美山町に住み移る決心をしました。１９９２年のことです。

時代は若い人たちが都会へと移動する中、残された年配者たちは、渡部さんにとても親切で、様々な生活の知恵を授けてくれました。その中でも「薬草」の知識は驚くばかりに深く、野に出て、山に行って、川をともに

茜の発芽を喜ぶ渡部康子さん

歩き薬草の実際の効用に触れて、身につけていったのです。その中に薬草からも、野の草からも色が出ることを知り、いろんな色を出して布に染めて楽しんでいました。

ある時「血流を促進するという薬草」の根を染めたところ、夕焼け色に染まり、その美しさに息が止まるほどの喜びを覚えたのです。

この色の美しさは尋常ではない、染色に詳しい人の指導を仰ぎたいと思い、つてを頼りにご縁ができたのが寺田豊さんでした。

本格的に茜栽培農家になる

茜の中には「日本茜」「西洋茜」「インド茜」と種類があるのですが日本茜は万葉集にも登場し、また冠位十二階にも「赤の色」、更に日本の日の丸も「茜の赤」が使われています。

しかし日本の歴史の中で南北朝の混乱の時、この日本茜の栽培が急速に落ち込んでいき、西洋茜が茜色として台頭してきました。日本茜は滅亡

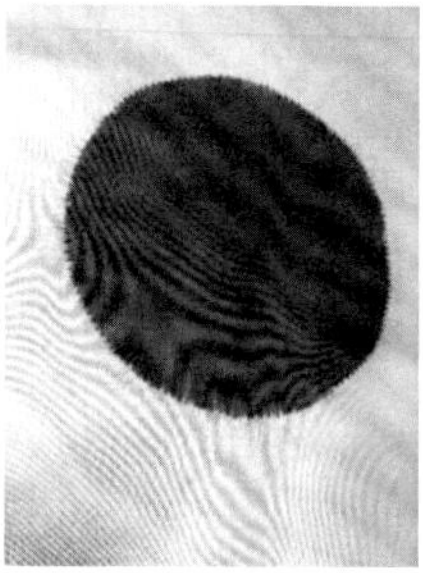

茜染めの日の丸

寸前のところだったわけです。

またこの美山地域では茜の栽培も盛んな時代があり、その時は赤根という文字も使われていて、赤根を京都に送り染料や漢方として重宝をしていたようです。

渡部さんは2019年には1700平米の畑を確保し、250キロの根を得ることが出きました。2023年には更に畑の面積を増やし300キロの収穫を目指しています。

茜は、発芽が難しい。そこは農業の専門家の多い美山町ですから、その方たちの知恵を借りて、発芽まではポットで育て二葉になったら畑に移します。差し芽もできますから、よく観察していると二週間で根が張ってくるので、あとは水はけのよい状態にして出来るだけ根を張らせるように、草取りに専念します。5月から6月に最も根が伸びるので、この時期は毎日畑に行き虫取りや鹿の襲来を防ぐ努力をします。

可愛い白い花が付き、ハート形の葉っぱも愛らしい。秋には根が安定し

茜の根

渡部さんが洗う茜の根

収穫は雪の降る前12月に入ってすぐの作業です。

渡部さんは同じ志の人たちに呼び掛けて、「日本茜伝承プロジェクト」を立ち上げました。

「草と人との交わり、関わりを深くして、色の持つ力を感じ、先人たちの努力と知恵を、次の世代につないでいきたいと思うのです」

渡部さんの茜の種は多くの人たちの手に渡り、日本茜を栽培する人が増えています。

寺田さんも服部さんも庭では日本茜が生育中。寺田さんは自ら渡部さんの畑に出向き根を掘りあげる作業にも積極的に関わっています。茜染の追求は熱心です。

染料を育てている人と接点を持ちたいという寺田さんの思いが実現しました。

日本紫根の栽培者　舟木清さん

舟木清さんは「現代の名工」に認定された木工が本職です。飛鳥時代から続く組子細工の名手。釘を全く使わず木を組み立てて完成させた舟木さんの作品は繊細でとても美しいものです。

その舟木さんが日本紫根の栽培を手掛けるようになったのは、1999年島根県雲南市で発掘された弥生時代の銅鐸から始まります。出雲はその前年の1985年に銅剣が358本荒神谷遺跡から発掘されていますが、そこから3キロ離れた加茂岩倉遺跡からは39本の銅鐸が発掘されてにぎわいました。さらに雲南市は**ヤマタノオロチ**の伝説で有名な斐伊川の上流です。舟木木工所のすぐ前に天叢雲の剣の発祥の地があり、出雲の古代ロマンあふれる場所に、日本紫根も育っているのです。

現代の名工と日本紫根のつながりには、もう少し説明が必要です。

加茂岩倉遺跡で銅鐸が発掘されたとき、文化庁の方々、また大学の考古学の先生方多くの人たちが銅鐸の発掘現場に寝泊まりすることになり、

舟木清さんにインタビュー

ヤマタノオロチ
日本神話に登場する伝説の生物。古事記によれば、頭が八つ、尾が八つ、谷を八つ渡るほどの大きな体で、その表面にはコケや杉が生えている。

付近の住民がおもてなしに当たりました。

その銅鐸は弥生後半のものだとわかり、それでは弥生時代の食事を作ろう、お弁当は木工にしようということで、舟木さんたちは食料や木の器の勉強を始めました。毎食50 人分を作るのですから、勉強にも力が入ります。

「出雲風土記」という本の中にかなり詳しく書き記されていて、その中には山菜、薬草のことも詳しく出ていました。その薬草の中に、殺菌作用に、吐血作用に、また鎮静剤にもなるという「紫根」の話がありました。

発掘現場は思わぬ怪我や体調不良の人も出て、この薬草の知識がとても役立ったといいます。

さらに研究をすると紫根から出る色は儀式に使う色で、聖徳太子の冠位十二階にある一番尊い色と判り、舟木さんはこの植物を植えてみたいと思ったのです。木工の仕事では神社仏閣に収める物も作ります。その時に包む布が紫なのですが今はほとんどが化学染料、それでは本来の尊い

紫根の花

紫根の畑

役目はできないのではないかという気持ちもあったようです。

もともと出雲にも自生していた紫草ですからどこかに種はあるだろうと探したのですが見つかりません。そこでさすがに考古学の権威ばかりそろっていますから、知恵をいただき、古代蓮の管理をしていた「日本民族工芸技術保存会」というのが東京の丸の内にあり問い合わせて調べていただいたら「あった」のです。紫草の種が「あった」のです。しかも弥生時代の古い種。

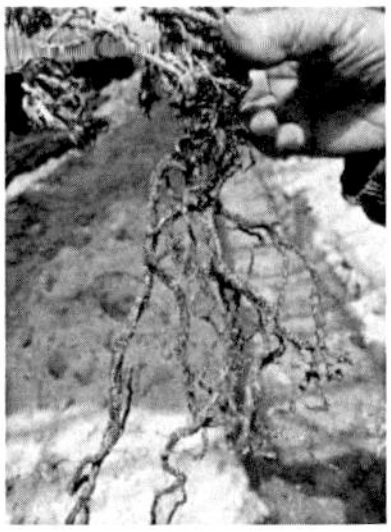
日本紫根の根二年物

日本紫根の根

1000粒の種から紫根栽培を始める

一年目は発掘現場近くの土地に種をまいてみましたが、よく育ちません。それでも花は咲き実を結び種は出きました。その種を今度は舟木さんご自身の畑に撒きました。元気に育ち、やはりきちんとした手入れが必要と分かったのです。2008年から試行錯誤しながら、直接日の当たるところは良くない、水はけのいい場所、風の通りが良いところ、雨で葉に泥がはねが上がるところや、苔が生える地は不作になるなど、農業を実践しながら、今はより良き場所を得て、すくすく育っています。

根は地下水を求めて根を張ります。紫根は「根」が必要なのですから、根を増やし太らせなければなりません。畝を作り、根が伸び伸びと伸びていく環境を作ります。

「舟木さんは農業をしたことがあるのですか?」

「私は昭和16年生まれです。この地で生まれました。この時代はまだみんな畑を耕していたんですよ、子供たちははだしで駆け回っていました。食料の手伝いで土とはなじんでいましたね」

「養蚕農家もあった、製糸業を営む人もいた、よその家の子守や掃除を手伝って、小遣い稼ぎをしていた子も大勢いた時代です。そういう社会の状況の中で、これからは何か腕に技術を持たないといけないなあと思ったんですね、それで木工をしている人の弟子入りをしました」

「理由は?」

紫根の種

舟木さんの紫根畑

「好きだから」

舟木さんの仕事への取り組み方は「好き」ということが第一のように感じました。紫根の栽培も好きで好きで面白くて面白くてということが、言葉の端々からうかがえます。

何事にも研究熱心なので、どんな根が一番いい色を出すかということを、草木染作家の山崎和樹さんに実験してもらい、どのくらいの太さの根にすると、いい色が出るかがわかり、そちらに向けて栽培を始めました。

日本紫根を心から愛して染めようとしている人をきちんと自分の目で確かめて販売をし、種は簡単には販売はしません。

「どうしてですか？」と尋ねると、「交配をして日本紫根でなくなっていくのが耐えられない」と答えてくれました。

日本の文化が失われていく怖さを感じているので、栽培する人と染める人の気持ちが通じ合っていないと、種はもちろん根も渡せないと言い切っています。
しかしここで育った紫根がどんな色を出して、人に喜んでもらえるのか、それは一番気になるところでしょう。

舟木さんが育てる日本紫根、渡部さんが育てる日本茜、この古代から続く日本の色を、三人の染織家がいろんな表現を駆使しながら、色の深さを引き出し、表現しています。

大事に育てられた二つの色が織りなすきものと帯に包まれる喜びを感じるのも、また日本人として生まれた喜びかもしれません。

第六章　草木染の根元

山崎家草木染四代

山崎和樹さん（父）・広樹さん（息子）

「徳島で藍玉を手に入れてきましたよ」

「ほうほうどれどれ」

親子の会話をふすま越しに私が聞いていたのは、昭和37（1962）年くらいだったかと思います。その一年位前から、私は柿生の草木寺に二週間に一度は通っていました。

昭和8（1933）年に「草木染」の商標登録をした草木染作家「山崎斌《あきら》」さんは神奈川県の柿生に染色に使う植物をたくさん植えた庭に、作業場をつくり、小さな寺も建立し、染と織の研究をしていました。

山崎斌さんは四代目広樹さんの曽祖父に当たります。

1856年イギリスの科学者ウイリアム・パーキン博士が開発した化学合成染料が、明治30年に輸入され、正確な色ができる安心さから瞬く

山崎和樹さん・山崎広樹さん

山崎斌さんの直筆原稿

間に日本の染色界に化学染料が定着しました。植物染料で色を出していた日本の色は駆逐されたのでした。

　それと同時に手織り織物も動力機に代わり、日本の染織界は一気に大量生産の道を歩み始めました。まさに「染織」の産業革命が起こりました。

　この章は山崎家の草木染の研究をたどることで、日本の染織の道をともに見ていきたいと思います。

小説家、山崎斌

　島崎藤村にその才能を認められた山崎斌さんは、明治25（1892）年長野県東筑摩郡麻績《おみ》村に生まれる。上田中学校（今の上田高校）卒業後、「文士」の道を目指し上京。新聞記者や教職員をしながら小説や評論、詩や俳句をつくり、島崎藤村に師事して、若山牧水らとの交友を深め、「結婚」「初恋」などの長編小説や短編小説も数多く執筆、また雑誌の発行など手掛けて順調に文士の道を歩んでいました。

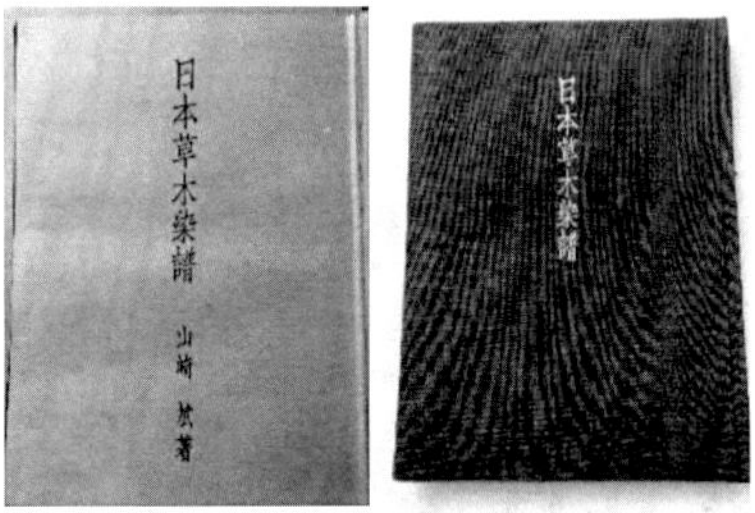

初代山崎斌の本
限定1000部

父親の死をきっかけに、故郷の長野に戻ると信濃毎日新聞の嘱託となり郷里の実情を見聞きする機会が多くなりました。その中でも、養蚕の不況、織の機械化、植物染料の壊滅を目にし、37歳の時植物染の復興、田舎織りの復活に手を染めるようになりました。

サンデー毎日や信濃毎日新聞に連載小説を書き続けながら、植物染料がまだ残っている地方の取材に出かけ、植物染料の染め方などの研究も重ね、この日本から土と木と草の香りをなくしてはならない、と昭和8年（1933年）植物染料で染めたものに、合成染料と区別する意味もあって「草木染」という商標登録をしました。

そして「日本草木染染め譜」という染め糸をくっつけた草木染の染め方の本を1000部限定で出版。その時に島崎藤村が寄せた文章がありす。（原文のまま）

これはウイリアム・モリスの仕事に近いと思って、以前にわたしは山崎斌君の思い立った事を生活と芸術と労働との一致に結び付け、その前途

本当の染糸をはりつけたページ

に深く望みを寄せたことがあった。

木の皮、草の根、それらの葉から、実からも染むべき材料を採って、織るべく。着るべくことを知っていたわたしたちの先祖が手工業のいとなみは、君によって今の代に活き返る糸口を得た。

荒無を切り開くほどの愛と忍耐とがなかったら、君の仕事もここまでは進みえなかったであろう。

今や君の草木染一図が成る。遠く奥州の野の木まで、紫の一もとを探り求めるほどの君の熱心から、この一巻が生まれた。これは土と木と草の香でいっぱいだ。おそらく後の代の人もこの愛すべき書物から得るところは多かろうと思う。

わたしは山崎君の平生を知るところから、更に君の成長を希ひ進んでかの光悦の腸をさぐり古人が遺したこころざしにもかなひたまへと書いて贈る。

昭和八年夏の日　麻布飯倉にて

斌さんの柿生の家

五十種類の糸染めが植物の姿、煮方洗い方、干し方媒染の種類と分量などが懇切丁寧に説明されています。しかも英文のページもあり斌さんが日本の誇りある草木染を海外にも広めたかったことがうかがわれます。

藍が草木の色を出す基本だと思った

大正十三年渋谷の松濤《しょうとう》町で生まれた長男の青樹さんは、小学校6年の時日本版画協会展に作品を出展して初入選。日本画家を目指し、父が発行していた「月明」という月刊誌の編集に携わり、そこに草木のイラストを描いて手伝っていましたが、日本画の勉強のため野田九浦の門下生になり、それからはずっと日本画院展に１００号の作品を出し続けていました。

一時は社団法人国民教育映画協会の助監督も務め京都に移り住んだことで、奈良の正倉院展にはよく通い、その時の古代裂の植物染料の色の美しさに衝撃を受けたといいます。その思いが父斌さんとともに草木染を

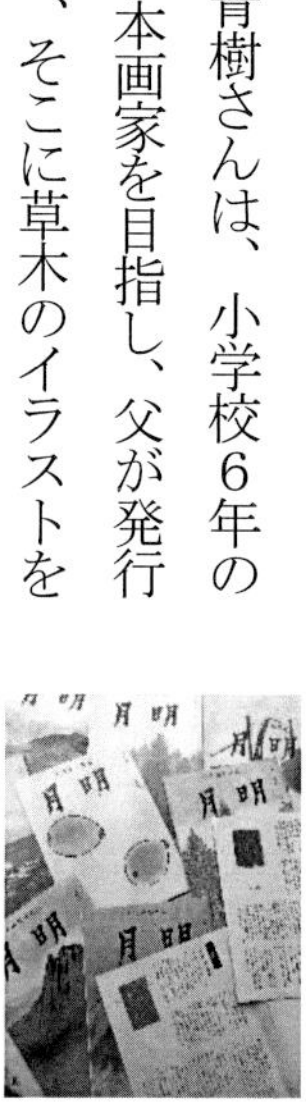

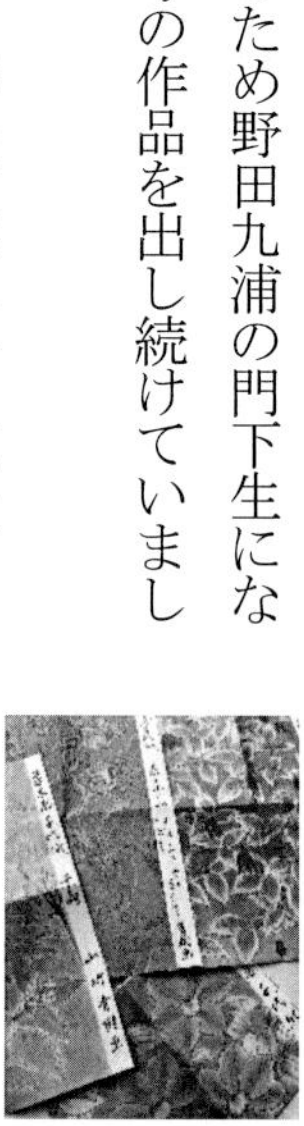

斌さんの月刊誌と青樹さんの絵

研究する決心を固くし、長野の南佐久に「月明手工芸指導所」を設立して、郷里の染織の質を高める事業を始めました。

　戦争中は草木染の研究もなおざりになりましたが、戦後は父斌さんは柿生に、青樹さんは高崎に居を構え、草木染の研究に再び挑戦を始めました。

　そしてすべての色の基本に「藍」の必要を感じ、青樹さんは藍玉を求めて四国の阿波藍を学びに行き、その藍玉を持って帰ってきたところに、私が訪れたということです。

　そのころ藍染は藍専門の職人しか染められなかったのです。しかも**一子相伝**という掟もあり、一般の人が、たとえ染織家であっても、藍を自分の手で染めることは困難な時代でした。

　当時はまだ、藍を染める「紺屋」茜を染める「茜屋」というように、専門の染屋が健在でした。

「藍を染められるようになると、色の範囲がもっと広がりますね」

藍葉の苗

藍建て

一子相伝
学問や技芸などの秘伝や奥義を、自分の子供の一人だけに伝えて、他には秘密にして漏らさないこと。

と言いながら藍玉を中に親子の会話がはずみます。

まだ知り合って時間がたっていない私は二人の熱い会話についていけません。というより、染のことも、植物染料と化学染料その違いすらわからなかったのです。

斌さんとは新宿の伊勢丹で「万葉の色を染める」という展示をしていたその会場でお目にかかりました。そこには美しい色の布が揺らいでいて、色に惹かれふらふらと入っていき、山崎斌という染織家のニコニコ顔に迎えられたのです。

色もさることながら、お人柄とその文学性に魅力を感じ、そのころ月刊女性誌の記者をしていた私は、記事にしたい思いで柿生の工房を訪ねることにしました。

柿生の工房は広い土地に様々な草木が植えてあり、その一本一本に木の名札をつけて、どんな色に染まるかが明記されていました。木や草から、または花から木の皮から、いろんな色が出ることすら知りませんでした

山崎和樹さんが染めたが
草木染めの糸と布

から、一つ一つの説明、それがまた源氏物語の姫君や公達たちが着ていたと思われる色の説明を受けて、「きもの」に対する認識がこの柿生でがらりと変わり、日本のきものの文化性に目覚めさせられたものです。

青樹さんは、草木染を一度平安時代にさかのぼって「延喜式」に記された色の出し方を、忠実に実行してみたいと思いました。

古典の色をまず正確に知って、これからの色を整えていきたいと考えたからです。しかしそれはとてつもなく長い道でしたが、父斌さんともども、意見の交換をしながら古文を読み解く力のある父をありがたく思いながら進めていきました。

そこには糸や布の重さ、お湯の温度、水がいいのかお湯なのか、染料の分量、媒染量の容量などが事細かに書かれていました。しかもどの季節に染めるということまで決められていて、同じ色を出すことが前提でこの本が書かれていたことがわかります。

延喜式
平安時代中期に編纂された格式（律令の施行細則）で、三代格式の一つであり、律令の施行細則をまとめた法典。

昭和44年に美術出版から、『草木染日本の色』が発刊されたとき斌さんは病床にいて、大変喜ばれたといいます。それから3年後斌さんは80歳で亡くなったのですが、斌さんと青樹さんともども古典文学の行間にきらめく様々な日本の草木染の色を復元できたことはたとえようもない喜びだったのではないでしょうか？

それは私たちにもたらされた福音でもあります。

その後青樹さんは、古典の色を大事にしながらも、新しい染材を探して色を作り出し、美術出版からはさらに草木染の基本や型染、新しい草木染など様々な本を20冊以上出版し、後に続く染織家たちの教科書になっています。直接教えた弟子は1000人以上といわれますが、青樹さんの本を読んで草木染を志している人はもっと多いのではないでしょうか。

青樹さんは「草木染」の商標延長の申請をやめ、人々の中に草木染という言葉が自然に残ることを希望しました。

青樹さんの工房も庭一面に染料に使う樹木や草花が植えてありました。

その一つ一つに名札を付け、どんな色が染まるかを説明してありました。部屋に通されると、時代を経たタンスから新しい染料で染めた反物を嬉しそうに広げて見せてくれました。

「セイタカアワダチソウからこんな美しい緑色が出た、先日ボルネオに行ってこっそりボルネオてっぽくを持って帰って染めたら、こんなきれいな茶色が染まった、これはガンビアほら黒に染まる、金を染めてみたらこんな美しい赤が含まれていたねえ」

夏に伺うと反物を広げる手の指や爪が青く染まっているのです。

「藍の生葉を染めたんですか？」

「そうですよ、藍を植えた時中谷さんいましたよね」

あれから何十年もたつのだが、斌さんとの会話の時、藍玉と藍の種を持って帰っていて、その種が年々再々増えているという。

高崎市染料植物園の建設では青樹さんの思いがいっぱい詰まった全国でも珍しい染料公園になっていて、そこにも染料になる木の説明と色が明記されていて楽しい、山崎家の作品も常設されているので、染色を志す人々にとってはとても参考になる植物園だと思います。青樹さんは平成22（2010）年86歳で亡くなりました。

誰もが草木染めができる染色法を伝えたい

三代目の和樹さんは高崎で生まれ、幼少のころから父青樹さんの草木染を毎日眺めながら育っていきます。

「父の思い出は夏です。父は藍草を育てていて、生葉を染料にする方法を研究していました。夏になると毎朝ミキサーの音が家中に響き、葉を微塵にして布に染めそれを天日干ししていました。その青いさわやかな色が夏の青い空の下で風に舞っている光景は今でも目に浮かびます」

当然のように自分も草木染をするとは思っていたし、手伝ってもいたのですが、植物の力を学術的に知りたくて、明治大学農学研究科に入学、その後信州大学工学系研究科で博士号をとり、東北芸術工科大学美術科

山崎和樹さんの本

山崎青樹さんの本

の准教授として勤務。その時子供たちは「もの」を見るだけで、その「もの」がどのように作られ今目の前にあるかを知らないし、考えられないように教育されてきたことがわかり愕然。父青樹さんの下で、草木染に取り組むことにしモノづくりの基本を後世に伝えたいと決心して家業に戻ったのです。

その後祖父斌さんのいた柿生に移り、「草木染研究所柿生工房」を設立。

いろんな植物の発芽を待つ部屋

「草木染の魅力は自然と暮らせることですね」

春は畑を耕し、種をまく、野草を採って染色
夏は育てた藍草で生葉染め、発酵藍を建て藍染
秋は庭木を剪定し落ち葉やドングリを拾って染める
冬は紫根染めと紅花、茜染め

学生たちとの接点から学んだことも多く、草木染を職人技にせず、誰でもが染められるように広めていくのが自分のやることではないかと思っているようです。

そのために全くの素人が染めても上手に染められるような、染め方の基本の本を和樹さんはたくさん出版しています。また染める素材の範囲も広げ、誰にでも手に入る布に草木染がどう染まっていくかの研究も怠りません。絹はもとより、麻、木綿、ウール皮にも草木染の美しさを映しています。

「同じ草木でも、季節や染め方を工夫することで更にいろんな色を味わえることが体験できると、草木染がますます楽しくなりますよね」

草木染をすることで、植物と会話し、その植物の色を知り、色彩感覚も鋭敏になり、生命を大事に思うようになり、自然に対する感謝がわいてきて、人は謙虚になっていくのではないだろうかと和樹さんは思っています。

青樹さんが古典の染料から、新しい染料の試作を試みていたのですが、和樹さんはさらにそれを広げて、薬草といわれる野草ヨモギやゲンノシヨウコ、タンポポ、ドクダミ、身の回りにいくらでもある草や花からも、どんな色が出るかを研究し、それを人々に広めています。

土に返せる色づくり

草木染でも媒染の使い方では、廃液処理が環境を害することになります。それで和樹さんは媒染に神経を使っているのです。

媒染にはミョウバン、泥、石灰、灰汁を使いますが、焼きミョウバンや酢酸アルミは廃液処理が必要です。そのためには使用後、石灰を混ぜて中和させ、アルミを沈殿させます。そのうえで布で越して、液は土に流し、沈殿物は燃えるごみとして処理をしています。灰汁や石灰はそのまま土に返すわけです。

自然からいただいた命は、やはり自然に返すのが順序と和樹さんは考えます。

「あえてお聞きするけど、今大事に思う染料はなーに?」

「藍ですね、藍はいろんな色に重ねることで色の種類が増えますから、藍建はプロの仕事ですが、葉藍を染めるのは誰にでもできます、苅安に藍をかければ緑になる、紅に藍をかければ紫になる、藍だけでもいろんな青を楽しむことができますけどね、藍はすべての色に味付けできる色ですから、主役にもわき役にもできるのが藍です」

「そういえば江戸時代の文楽人形の衣装の再現で、寺田さんは茜染め、和樹さんは藍染を担当なさったのね」

「絞りの麻の葉模様でしたからね、絞りの染はむつかしかった、染め上がって糸を抜くまで、ちゃんと染まっているかどうかドキドキしましたよ」

「人形遣いの吉田勘彌さんが着付けをして頭をつけたら、人形の顔が一気にうれしそうになりましたねえ」

四代目の広樹さんは石や岩の波動をきものに表現したい

和樹さんの仕事をそばに見ながら、草木染の基本を学んでいる広樹さんは平成10（1988）年柿生生まれ、青樹さんと入れ替わりにこの地

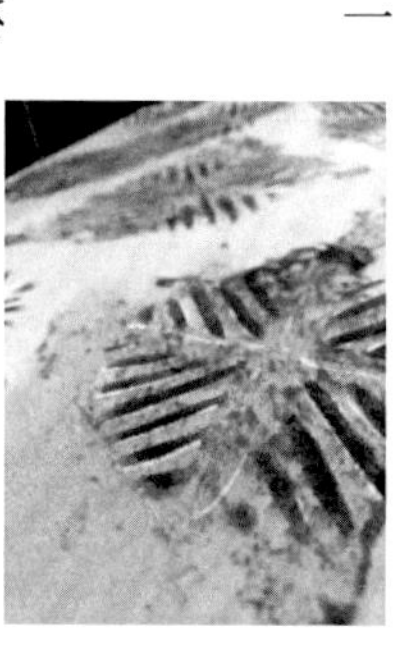

広樹さんの新作型染め

球に降りてきました。

東京農業大学国際バイオビジネス科を卒業し、森林管理の仕事に就き、森の生命を守り、森林の植物学を学んだ後、２０１３年草木工房に帰ってきました。松原染織工房で型染の基礎を学び、草木染の型染が持つ表現力に魅力を覚えています。

２０１５年には広樹さんの型染が岡本太郎現代芸術賞に初入選。草木の方ではなく、森林で感じた、太陽の光、葉擦れの音、石や岩が光ったり、何かを語りかけるような波動を感じた、そういう感覚を型紙に彫り草木で染めています。ただの抽象ではなく、そこに何かの命が動いているような感覚を見る人に与えます。

父の和樹さんは「何が出るのかわからないけど、本人は楽しそうだし、まあ僕もおやじから見たら、何を考えているかわからないけど、それでいいんだろう、と思われていたように思いますので、まあお互いに尊重しあって染場で楽しみます」

大正から昭和にかけて植物染料がほとんど消えかかっていた時、小説家であった山崎斌さんが、植物染料の復活ののろしを上げ、化学染料との区別のために植物染料で染めたものを「草木染」と命名、古代の染を紐解き再現。二代目青樹さんは延喜式の染色の部分を詳しく読み解き、それの忠実な色を出して世に問う。そのうえで草木染を志す人々に向けて、草木染の技術を丁寧に細かく解説した本を20冊以上も出版、多くの染織家を助けたし、新しい染の材料も発見。そして三代目の和樹さんは、いろんな素材に草木染が可能なこと、そして身の回りの植物すべてに色があり、その染色の方法を子供にもわかるように広めている。工房に教室を開き多くの染織家を輩出している。四代目は草木染の技術をしっかり身に着けて、独自の感覚で作品作り。これからが楽しみな人材。

草木染を身に着けることは土、太陽、水、空気、火、風という宇宙の「氣」を身に着けていくことになるわけです。こういう大事なものを私たちはもっと身近に引き寄せていきたいものだと思います。

第七章　郷土愛

地産地消のきものづくり

和楽座主人　樋沢行正さん

その日を私は覚えている。前書の『きものという農業』を出版して間もなく、樋沢さんが私の本を携えての訪問でした。

「この本を読んで、目を見ひらかされた感覚です。それでご相談に乗っていただきたいのです」

聞くと信州は上田のひと。其の上田にある大手の呉服屋に務めていたころ、その店で中谷比佐子の講演を聞いたことがある。呉服屋の在り方はその地域の文化を広げること、そして着る人の気持ちにどれだけ添うことができるかが大切で、それを考え実行する呉服屋が今後も伸びていくでしょう。という趣旨に深く感動し、自分の胸にすとんと落ちたのだそうです。

その後　諸事情があり勤めて25年目に、その呉服屋を退社、地元の「東

蚕の世話をする樋沢行正さん

信ジャーナル」に身を置くこと5年、取材と写真撮影を重ね、地域のあちこちをめぐり記事を書いていました。しかしきもののことを忘れがたく、かといって問屋にあるきものを只選別して販売する、という従来の着物販売ではない、何か売る人も買う人にも夢のある販売方法はないかと模索をしているところに手にしたのが『きものという農業』の本でした。

「わたしは農家の次男坊として生まれ、自分も農業を手伝っていたことをすっかり忘れていました。本当にやりたいことは、農業ときものが結びついたことだったのです。接客販売は大好きですから、自分が自信の持てるモノづくりができれば、もうこんな幸せなことはありません」

企画作りで海外の染織事情を視察

樋沢さんは昭和25年生まれ、青春時代は高度成長期、勤め先の呉服屋も一日に振袖5枚は売れていた時代、物珍しい染織に客も飛びつき、現金購入。社員一人で年1億円の売り上げを作る人も出てきていました。

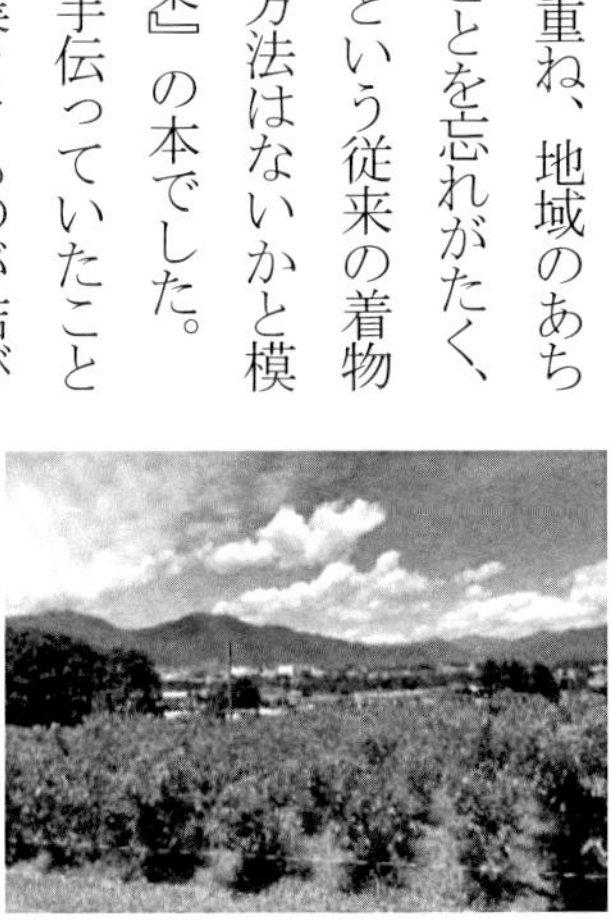
千曲川をのぞむ桑畑

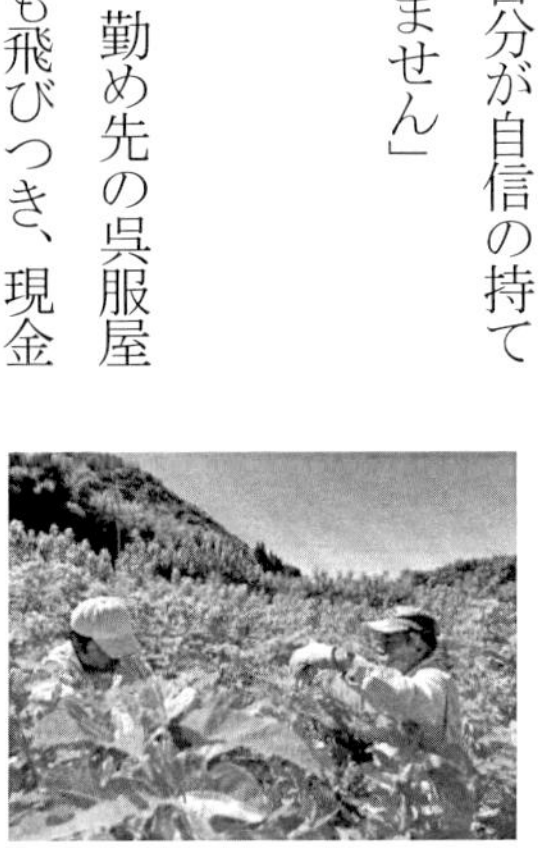
桑の採集

樋沢さんも販売が大好きなので、その店での売り上げもトップクラスだったようです。呉服屋の年商も30億、50億が当たり前、１００億なんて数字を出していた時代でした。

自社で開発した商品を売ってほしいメーカーや問屋は、「ここ」と目を付けた小売屋の社員を外地研修に招待し、よりよく商品を理解してもらって、客に説明説得販売を期待していました。

そういう社会状況の中で、樋沢さんはインドネシアに「黄金の繭」の生産状況を視察に行くグループに選ばれ、その時の感動や体験したことを書いて店の案内にするという仕事が回ってきたのです。ここではじめて黄金の繭の飼育の仕方や、そこからとる糸の作業、またその糸で織り上げる布の美しさなどを学び、子細にものを見る目、感じる心、また写真を撮って見せるというアングルの研究なども一緒に学ぶことができました。

樋沢さんの写真やルポの語りが良かったのか、その時、黄金繭で作った帯やショールが飛ぶように売れました。

その成績が良かったおかげで、今度はメキシコに帝王紫として評判の高かった、貝紫の採集に立ち会い、糸染めを一緒にする。という好機に恵まれ、きものにはいろんな物語が秘められていることに心震わせてメキシコに行きました。

そのメキシコの島で貝紫の染にまつわる話を、島の長老が教えてくれたのです。

ヒメサラレイシガイという巻貝の内臓に紫の染料があるわけです。

岩場にその貝が覆いつくす時期があり、男は夜海に行き、その巻貝の口を開けて息を吹き込むと、白い分泌液が出て其の液を糸に擦り付ける行為をします。分泌物を取った後は貝を海に戻します。そして月夜の明かりで糸をさらし、更に太陽に当てると赤紫の美しい色に染まります。

紫に染まったその糸を男は自分が思いを寄せる女に渡し、女が承知してその糸で布を織るのです。女が布を美しく織ったかどうかを、村の酋長が見て二人の結婚を許す。というしきたりがあったというのです（美しく

織らない場合は相手に気がないこと）

この神秘性を含む貝紫の紫色をとても大切に感じた樋沢さんは、そのロマンをお客さんに話をしていくうち、貝紫はあのメキシコの一つの島でひそかに染められて、恋しあった男女がその布を思い出し、生涯を共に生きていく、ということであって、日本人が勝手に持ち帰ってはいけないのではないかという疑問もわいてきたのでした。

よその国の文化を語るのではなく自分の国の文化をもっとみんなが大事に思うことが、きものを愛することにもなり、きものの世界を広げることになるのではないかという思いもふつふつわいてきたころ、高度成長にも陰りが出始め、樋沢さんはきものの世界を後にしました。しかしきものが好きだったので、一年間は何も手につかずボーとして、土をいじっていたといいます。

地元の財産を生かす

もともと信州上田は「蚕都の上田」といわれていたくらいに、養蚕が盛んで製糸工場もありました。今でも建物は残っていて、当時の盛んな製糸業の姿をしのぶことができます。

特に上田の糸は評判がよく、縮緬糸に使われることが多かったようです。また江戸時代は「上田楊柳《しま》」といわれる上田の織物が江戸の男たちに大流行して、しゃれ男の衣装として上田楊柳は全国的なブランドとなっていました。

しかもこの楊柳は結城紬の縞づくりにも貢献していることが、結城紬の文献にも記されています。上田から職人が来て、結城に縞の技術を教えたとあります。

青熟が育っている蚕室

蚕が繭をつくっている

それで私が樋沢さんに提案したのは、上田楊柳を再現してみてはどうかということでした。郷土をこよなく愛する樋沢さんは、上田の土地に桑を植え、蚕を飼育し、上田で糸を作り、上田の植物で糸染めをして上田で織り、上田の人に仕立てていただき、上田の人が着る。という希望を私にうれしそうに語りました。

それですぐ昔桑畑であった畑を借りて桑を植え、その手入れ方法は上田にある信州大学に通い桑の育て方の勉強をしたのです。さらには信州大学を退官した人たちの助けを借りて、本格的な養蚕の準備に入りました。

さて、蚕の種類が問題です。まずは上田の種蚕組合から、春嶺《しゅんれい》・鐘月《しょうげつ》を2万粒購入。桑はまだできていなかったので信州大学から購入して育てはじめました。

信州大学はもともと蚕の研究校として開校された学校ですから、桑の生育、蚕の育て方に詳しい先生方がいらして、樋沢さんはますます上田でなすべきことの全体像が見えてきたわけです。

3000平方メートルの桑畑に2000本の桑の木を植え、2万粒の蚕を飼育するところから始まりです。はじめたばかりなのに春も秋も蚕を飼育するという熱心さ、秋は錦秋《きんしゅう》・鐘和《しょうわ》という、割と飼育しやすい蚕で手ならしです。

蚕室は元養蚕をしていたという空き家を借り、また繭づくりの場所は農機具を保管していた倉庫を使うということで、上田ならではの蚕の飼育に必要な道具がそろいました。

上田楊柳の再現

現物の上田楊柳になかなかで会わないでいたとき、樋沢さんが養蚕を始めたということを聞き及んだ昔のお客様が

「うちの蔵に江戸時代の反物があったので持ってきました」

見るとまさしく上田楊柳、紬というより江戸小紋の筋柄を染めたようなトロっとした生地でした。早速こういう生地がどんな糸で出来ているかがわかる、志村明さんを樋沢さんにご紹介、この糸に近い糸を作るには、

上田楊柳を着た著者

セリシンの強い蚕でないと復元できないことがわかりました。

現在の糸はセリシンを外してしまうことが多く、セリシンの強い蚕は敬遠されています。でも大日本蚕糸会ではあらゆる日本の蚕の種を育てていますので、そちらで調達ができると考えました。まずは東京農工大学の准教授横山先生に相談すると、「青熟」という蚕がいいのではないかとの指示を受け、「小石丸」にもこだわる樋沢さんの意見も取り入れ、この二種類の蚕を飼育してきものまで作ってみた時、どちらが上田楊柳に近いかを比べることにしました。

志村さんの指導の元「塩蔵繭」の作り方を樋沢さんは習得して二種類の蚕を飼育することになりました。

そのとき江戸時代により近い糸を作るのであれば、桑に化学肥料は施さないようにという注意も志村さんにいただいたのですが、最近の桑のほとんどは、化学肥料好きの桑になっていることがわかり唖然としたものです。

蛹が生きている繭に塩を振りかけて眠らせる

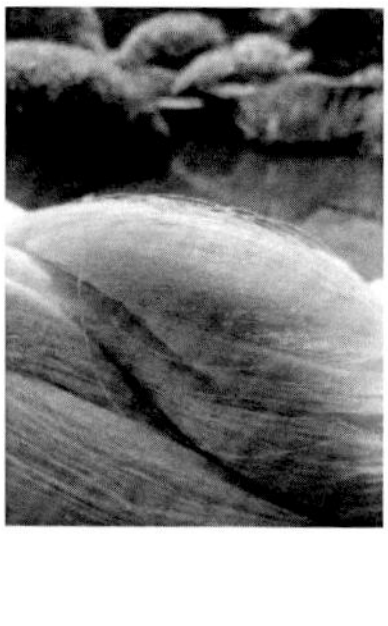
塩漬けの美しい糸

蚕が食べる桑の葉に農薬は禁物です。しかしより多くの葉をつけるためには、化学肥料が必要だと農協は推奨をしたらしいのです。幸い樋沢さんの桑畑には、まだ化学肥料は施していませんでした。この桑畑は千曲川を一望できる小高い丘の上にあります。もともと桑畑であったけど休眠していて、自然の腐葉土がその畑に栄養を与えていました。

それより怖いのはシカやイノシシ、山に餌がないシーズンになると桑の葉が彼らのごちそう。桑畑を増やしていくうち、山のほうは獣ちゃんたちに全部取られてしまうということもありました。

しかし目を離さず、桑の手入れをしているうち被害は少なくなったといいます。

「桑の木自身に力が付いたのでしょうか、被害が少なくなりました」

さて実験の結果はやはり横山先生の指摘通り「青熟」に軍配が上がりました。塩蔵から取り出した繭を天日に干し風にあて、上田にあった座繰り機で糸をひき、上田の名産であるクルミの皮で染め、上田で手織りをした反物はたとえようもなく美しく、清らかでその軽さに驚きました。しなやかなのですが、糸が締まっているという感じです。羽織ると肩に優しく、首のあたりが柔らかく見える布地でした。

「あの中谷さんの講演の時、着る立場に立ったモノづくりやコーディネートというものを着る人は求めていますよ、とおっしゃってた意味が今このきものを見て心底理解できます」

江戸時代いなせな男たちに愛された上田楊柳の再現が成功しました。この最初の一反は永久保存かと思いきや、樋沢さんはあっけなく売ってしまいました。さすが商売人。

今年２０２３年五月までに、生粋の上田楊柳のきものが50反生産できましたが、すべて喜んで上田の方に着ていただいているということです。

現在は一万平方メートルまで桑畑は広がり、５０００本の桑、４万頭の蚕を飼育しています。もちろん蚕の種類は「青熟」です。塩蔵に使う塩も試行錯誤した結果今は久米島の塩を使っているそうです。

身障者を仲間に

樋沢さんが昔勤めていた店で、仕立てが一番上手だったのは足の悪い人でした。その仕事ぶりを見ていて、体や、心に影のある人たちにとって、絹に携わる仕事は彼らを元気にするのではないかと樋沢さんは思いました。そこでまず、桑の葉を世話する人、蚕の世話をする人と、働く人たちの希望に合わせて、身障者の人たちを預かることにしたのです。

桑畑に延べ10人、養蚕に5人、更に和裁のできる人は20人。織に4人が従事しています。

樋沢さんは独立した時から、和裁には力を入れて、名人といわれる和裁士の協力を得て、先ず指導者を養成し、その指導者たちが、身障者の人たちに根気よく教えています。

浴衣はもちろんのこと留袖、振袖も縫える人たちが育っています。

家から一歩も出なかったわが子が、生き生きと蚕の世話をしたり、きものを縫っている姿を見て、親たちは涙を流して喜んでくださるそうです。

そしていま桑畑の一隅に、「グループホーム」という宿泊施設を建設中で、桑の木を育てる、養蚕をする、糸を採って草木染をする、織る、仕立てる、着るというきものの楽しみの一貫のすべてを学べるところにしたいと樋沢さんの夢が広がっています。

グループホームの家

小石丸 ×C5 505

9-21

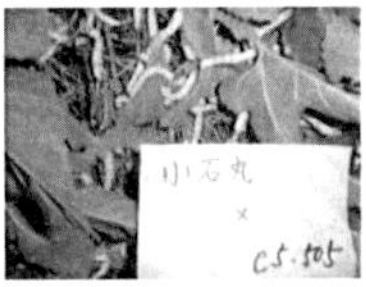

9-23

9-25

小石丸 ×C5 C6

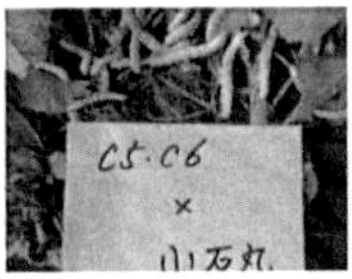

9-21

9-22

9-25

青熟 A×C5 505

9-19

9-25

9-21

青熟 A×C5 C6

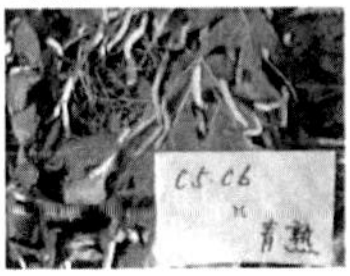

9-21

9-25

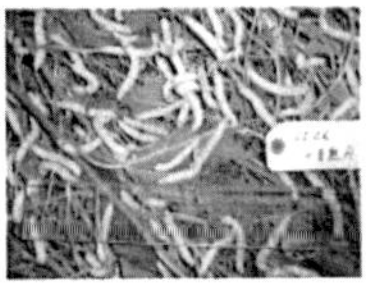
9-25

小石丸 C5 505

青熟 A C5-505

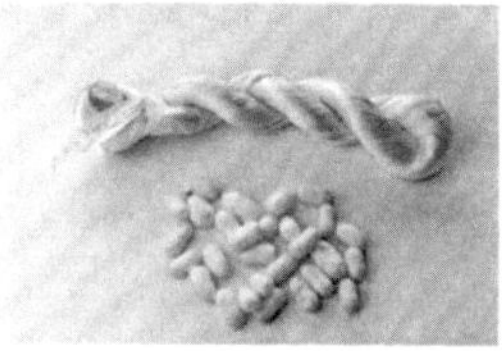

小石丸 C5C6

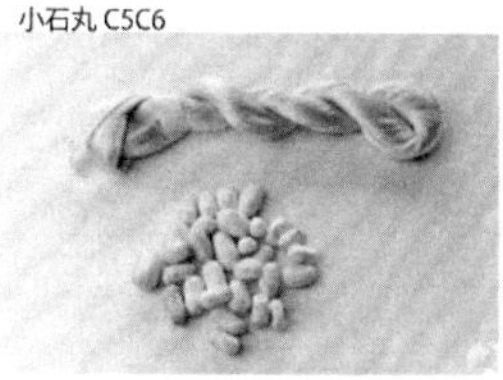

青熟 A C5C6

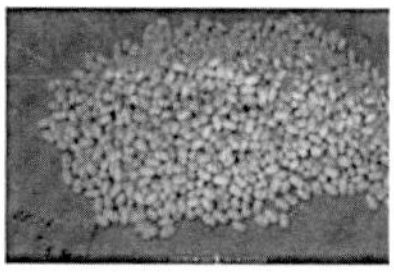

2029/04/23: warakuza

第八章　日本の近代化は蚕がつくった

映画「シルク時空《とき》をこえて」

日本国の近代国家を担った「蚕」がどのような足跡を残してくれたのか、その業績が一目で理解できるのが「シルク時空をこえて」の映画でした。きものがあったからこそ「蚕」が生きた。「蚕」がいたからこそ農業が発達し、日本がいち早く近代国家になれた。そういうことが一目で理解でき、わが先人たちのすばらしさを知ることができます。それと同時に日本という国にすむ人々の人間力も誇りに思える映画です。

この映画の監督熊谷友幸さんとの対談を中心に、「蚕」の活躍を知っていただきたいと思うのです。

中谷「この映画を作ろうと思ったきっかけをまずお聞きしたいです」

熊谷「私は長野県の伊那市で生まれました。子供のころ家の周囲は養蚕農家であふれて居ましてね、製糸業もあって、桑畑で桑の実を盗み食いしたりしていたんですよ（笑い）」

「シルク時空をこえて」ポスター

その熊谷監督は東京に出てテレビドラマ「日曜劇場」などの演出を手掛けていましたが、事情があり伊那市に戻り、その町の変わりように驚きました。

養蚕農家は一軒もなく途絶え、蚕室を持つ家も取り壊されて近代建築の家に様変わり、桑畑の代わりに果実園、郷里に腰を落ち着け、ライフワークであった山岳写真を撮る生活に入りたいと思っていたのに現状に胸搗かれる思いでした。

熊谷「同じ思いを持つ精密機械の製造会社「ＫＯＡ」の社長と知り合い郷土のことを話し合ううち、お互いに養蚕で潤っている時代を知っているし、自分たちもその養蚕業製糸業のおかげで今がある、何か恩返しをしよう、と話がまとまったのですよ」

中谷「実際に動き制作するのは熊谷監督、製作費を受け持つのはＫＯＡさん。力強いコンビですね。そして先ず取り組んだのは？」

熊谷「〝ああ野麦峠〟の工女さんたちの実態ですね」

日比谷でのトークショー
右 熊谷友幸監督
左 中谷比佐子

中谷「映画も小説も私は読んでいないのですが、漏れ聞いた物語に違和感を覚え、現実に働いていた方たちに取材したことがあります」
熊谷「アッそうでしたか、確かに野麦峠を超えて岡谷に入るまでの間には、厳しい山越えですからつらいこともあったでしょう、でもまだ健在だった元工女さんにお話聞くと、糸を取るのが楽しかったし、早く上達しようとみんなで工夫しあったり、お裁縫や習字などの勉強もできて、とてもいい時間を過ごした。と思い出の写真を何枚も見せてもらいましたよ」
中谷「映画ではお孫さんが語り部になって、その時代の物語を、地元の児童や観光客に語っていましたね、そこから岡谷の製糸工場での実際の様子が描かれていて、10代の少女たちが楽しそうに働く姿がほほえましかったです」
熊谷「そうなのですよ、当時の貧しい農村地帯から15歳から20歳までの工女さんたちは、白いご飯を食べられるだけでも幸せだったのです

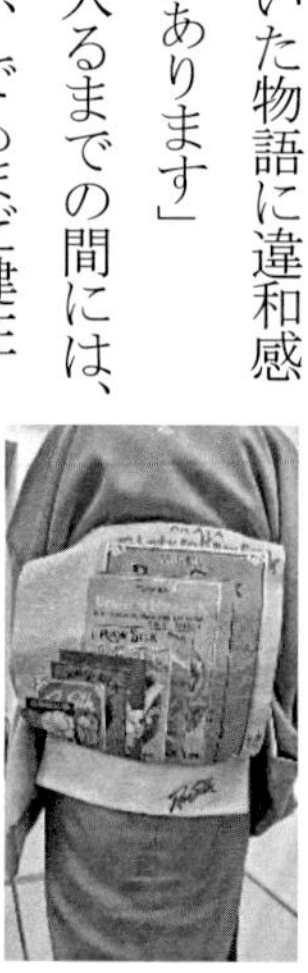
生糸のラベルを帯にデザイン

監督熊谷友幸さん

ね、休みは映画に行ったりおしゃれをしたり――」

中谷「工女さんたちの写真を見た時、全員がきものですが、ほとんどの人が白足袋を履いているのですよね、色足袋が普通の時代なのに、きっとお給料もよかったのだろうなあと思いました」

熊谷「見るところが違いますね、白足袋なるほど、少女たちは仕事に誇りを持っていたのだと思います。自分たちが作る糸が外国に出ていき、その糸を喜んで使っている人たちがいる」

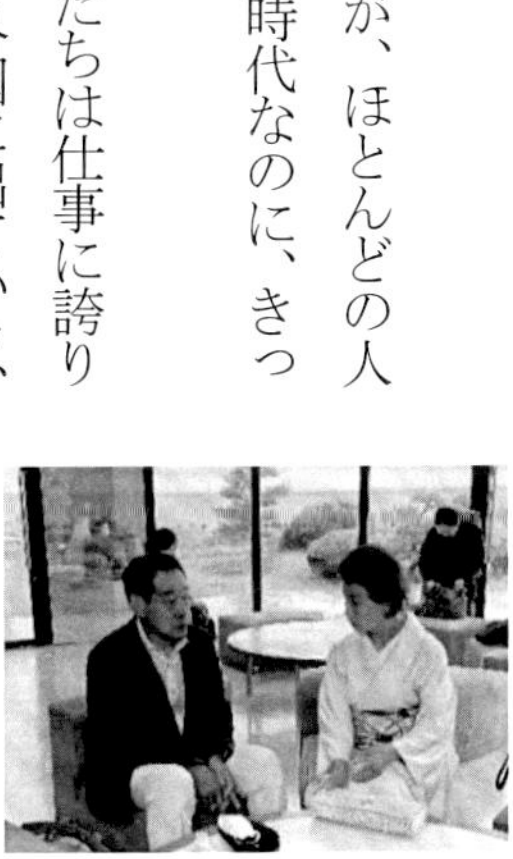

出雲での対談

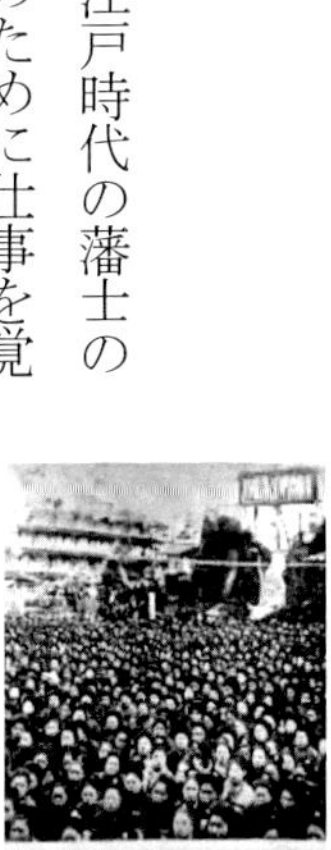

野麦峠を超えて岡谷に集まった工女さん

世界文化遺産に認定された群馬県の「**富岡製糸場**」は江戸時代の藩士の娘が日本全国の製糸を繰る指導者として養成され、国のために仕事を覚えるという教育を受けていましたが、岡谷の製糸工場は農村の娘たちが、家族や自分自身の生活向上のために働いているという認識があり、働きながら学べるところとして人気が高かったようです。

富岡製糸場
群馬県富岡市に設立された日本初の本格的な機械製糸の工場。

中谷「映画ではああ野麦峠の後は養蚕の現状ですね、蚕の卵つまり種を作り選ぶ種屋さんの映像は感動的でした」

熊谷「すべての「元」と通じるのでしょうが、蚕の種づくりは細心の心配りが必要ですね、黒ゴマより小さい種の良しあしを、しっかりと選別して養蚕農家に届ける、もう神業としか思えない作業を撮影させていただきました」

中谷「監督のお人柄ですね、ああいう微妙な場面にカメラを入れさせていただけるのですから、それに映像がとても美しかったです。またそれに合わせた音楽も澄んでいて、その場にいる方々の小さな小さな蚕の種に対する深い思いやりを場面から感じました」

その種をふ化させ蚕を飼育して繭を作り、その繭が製糸工場に運ばれ「生糸」となるのですが、日本は丁寧に作る「種」と少女たちが楽しく繰る糸の「生糸」で世界一の輸出国となりました。

日本の軍艦は蚕が作っていると揶揄されるほど蚕つまり日本の生糸の

質が良くて、各国での評判も最高でした。

日本の生糸が世界に君臨する

中谷「アメリカのマンチェスターでの映像も日本人として誇りが持てますね」

熊谷「この映画そのものは現在を撮影しているのですが、日本の生糸が世界を網羅したのは明治から昭和の初期までです。日本ももちろんですが、かの戦争でどの国も〝手仕事〟の産業は姿を消しています。生糸はある意味産業革命の走りだったのですが、時代は更に先に行ってしまって、どの国も生糸の産業は衰退していました」

中谷「でも監督はそういう環境になっていても、種や生糸が遺した文化の足跡、またシルクをこよなく愛した人たちの痕跡を細かく深く手繰っていらしたのですよね」

熊谷「そうですね、先ずアメリカのコネチカット州マンチェスターに行き

マンチェスターの絹織物工場

ました」

中谷「きれいな街並みですね、昔の建物がそのまま残されているのですね」

熊谷「町並みを残しているくらいですから、歴史資料も残っていて日本との交易の記録を確認することができました」

中谷「チェニー一族というのでしょうか？　日本の生糸を買い付けた初めての外人だったそうですね」

熊谷「チェニーブラザー社のフランク・チェニーさんが江戸時代の末に清国からの帰りに日本に立ち寄り、日本の生糸を見てその美しさとしなやかさに驚嘆し、日米生糸貿易が本格的に始まったのです。

フランク・チェニーさんは須坂や岡谷、上田にも足を運び、製糸の現場を見て、日本のシルクが世界一素晴らしいと感嘆しています。その証拠にそれ以来ずっと日本の生糸を買い付けています」

中谷「また日本からもマンチェスターの絹織物工場に視察団として訪れているのですよね、その時の映像も日本使節団への歓迎ぶりを見

チェニーブラザーズ社の絹織物工場

て、どんなに日本の生糸が喜ばれていたかがわかります。よくああいう映像が手に入りましたね」

熊谷「中谷さんが今日締めていらっしゃる帯の柄、輸出用の生糸のラベルが柄になっていますよね」

中谷「そうなのですよ、気が付いていただきうれしい。マンチェスターの博物館に日本の生糸の商標が保存されている映像を見てうれしくなりました。そのあともフランスにいらしたのですよね」

蚕の種を通した日仏の絆

フランスのリヨンの絹織物絹文化はヨーロッパ中心です。リヨン市街はユネスコ世界遺産に登録されています。市の高台にあるクロア・ルース地域はジャガード織機の発祥の地、絹織り産業の拠点でもありました。現在でも絹織物の産業は続けられていますが、続けられる最大の恩人は実は「徳川家茂」だったのです。

フランスの養蚕地域サン・ジャン・デュ・ガール

セヴェンヌ養蚕博物館に展示されている繭見本

熊谷「この話は日本人にはあまり知られていないようですが、絹産業にかかわるフランスの人たちにとって、日本は大恩人と今でも感謝しています」
中谷「映画での物的証拠（笑）というのでしょうか？　日本から送られた蚕種和紙が画面に出てきたときは、もうドキッとしました。しかも蚕の種類の名前、青龍なんて筆文字見た時は飛び上がらんばかりでした」
熊谷「江戸時代の終わりフランスを中心に蚕の伝染病がはやり、蚕が大量に死んでしまう事件が起こりました。それでフランスは養蚕が壊滅したのです」
中谷「それを伝え聞いた徳川十四代目の家茂が、ナポレオン三世に蚕種紙を１６５００枚提供するのでしたね、蚕種一枚は2万粒の種が張り付けてあったそうですから、とんでもない数ですね」
熊谷「それでフランスの養蚕地帯であるセヴェンヌ地方はまた活気が出

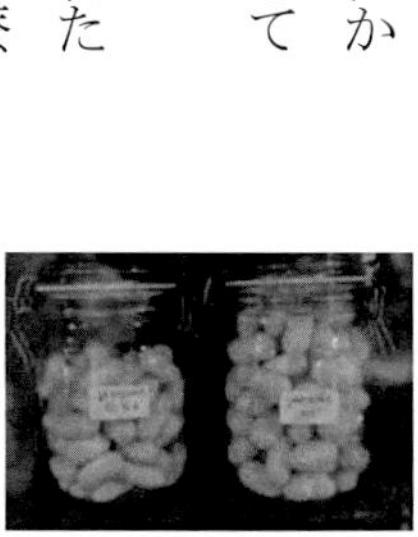

セヴェンヌ繭の見本

フランスに送られた日本の蚕種紙と計り

て、リヨンの絹織物も盛んになるんですね」

中谷「それでナポレオン三世は家茂にアラブ馬13頭をお返しに送ってきたそうですね、なんかちょっと感性が違うなあという感じもしますけどね、それで監督はその蚕種紙もごらんになったのでしょう?」

熊谷「感動的でしたよ、和紙は変色していましたがあれ蚕の種類ですか?〝青龍〟と筆で書かれた伸びやかな文字を見た時、日本人ってなんてすごい人種なんだろうと、胸がいっぱいになりました」

中谷「いまそのセヴェンヌと名前の付いた蚕が関係者の間で人気なのですけど、元は日本の蚕種だったりして(笑)」

アメリカには生糸、フランスを中心にしたヨーロッパには蚕種の輸出という具合に、日本の蚕は大活躍の100年でした。

熊谷監督はこの映画を5年かけて細かく深く撮影し、私たちの先人たちというより「蚕」が黙々と日本を代表して日本人の文化を広めた姿を

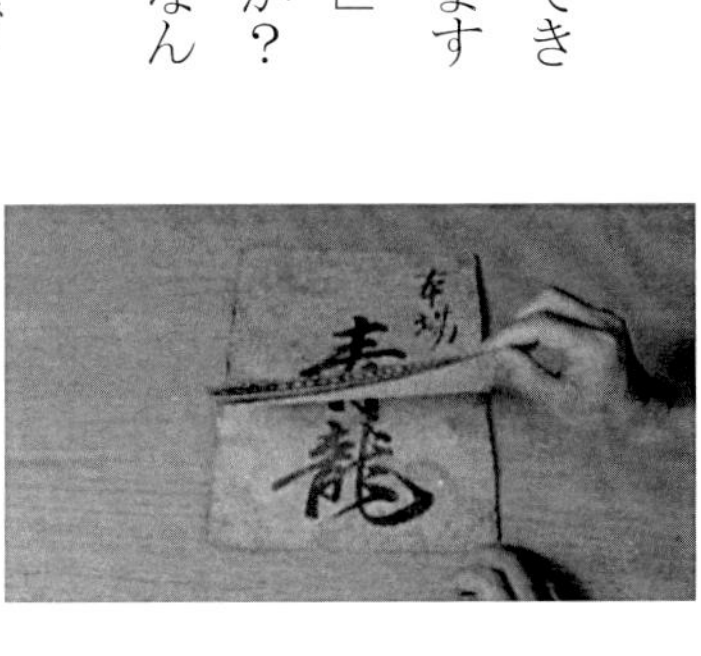

日本からのフランスに送った蚕種

淡々と美しい映像で見せてくれています。

中谷「ただ事実を静かに見せていくという映像でしたが、ナレーションがまた余分な感情が一切なく、映像と同じように静かに語っていくという手法が、見ている私たちを画面に深く引き込んでいっていましたね。日本人が日本人の誇りを取り戻すとてもいい映画だと思いました。日本人全員に見ていただきたいです」

熊谷「ありがとうございます。少しは蚕に恩返しができたかなと思います。養蚕業と製糸業の中には、日本の文化はもとより、精密機械、自動車産業の元また他の機械の開発の原点があることに気が付きました。そして何よりその蚕のすべてを、きものという衣服に表現してしまう日本人の感性に驚きと感動を隠せません」

この映画は90分のドキュメントです。ただただ画面を見ているだけで、

CB社に残された片倉のラベル

伊那市出身の監督とKOAの社長が伝えたかったことが胸の奥底に浸透してきます。映画館での上映ではなく、誰でもが自主上映ができるシステムになっています。興味を感じた方は、左記の住所にご連絡をお願いいたします。

『シルク時空をこえて』上映実行委員会
〒396-0026
長野県伊那市西町四八八二　串正ビル二階
TEL、FAX　0265-1415

おわりに

ひと昔前、わかっていて知らないふりをする女性のことを「かまとと」と呼ぶ習慣がありました。

「かまぼこっておとと（魚）で出来ているんですってね？」

ととぼける人のこと。日常のことや、下世話のことは「私存じません」と上品ぶることが「お品が良いお嬢様」だったのです。

ところがいま、本当に何もかも知らない人が増えていて驚くばかりです。

巷にあふれているものは、すべて完成品。出来上がったもので、魚も刺身や切り身中には焼いたりもしている、で元の姿を購入することはまずありません。パンもお米も、元はどんな姿からできているのかわからない、というより知ろうともしない。そういう人が増えています。

「元がわからない」

「このモノがどのような経路で出来たのか知らない」

知りたいと思えば、ポンポンとＡＩが教えてくれる、その場に行かなくても、大体のものづくりの順序がわかり、それでもうわかった！　と思う。

そのような時代にあって、現場の方々はもっと繊細な「ものづくり」が始まっていました。

「売るためのものを作る、誰かの目に留まるものを作る」

というのではなく

「自分が作りたいものを作る、それが自然の循環の中で自然が肯定するものであることが大事、だから我を出したモノづくりはしない」

「好きなんですこの仕事」

こういう短い言葉の中に、すべての思いが入っています。

昔のように技術の「一子相伝」という重々しさはなく、この技術をみんなで共有しよう。これは、自分が作り出したものではなく、もっと違う力、見えないところからの知恵が加わってできたものだと思うので、多くの人と分かち合いたい。という考え方がモノづくりの現場にありました。

ですから現場は笑いが絶えず、いつまでもその場にいたいという心地よさが醸し出されています。

モノがどうやってできているかの現場を知ろうとしない人々に、私はあえて、いまの現場にいる方の「人間力」をお伝えしたいと思いました。

着物を商いする方が「蚕って初めて見ました可愛いですね」と無邪気に喜ぶ姿を見て、きっと蚕がこの方を導いていくのだろうなあ、と思いましたし、繊維の中に「絹」というものがあることを初めて知ったという若い方々も昂奮気味に絹を触ってはしゃいでいました。

多分昔の方はこのような人のことを「無知」と言って片付けてしまうのだろうな？　そうではない、伝えてこなかった大人が問題です。

前の『きものという農業』の本を出して14年の歳月の間に、人の生きる姿勢も様変わりしました。

そういう中でひたすら自然との対話を続け、先人たちの残した技をさらに高めて次の世代につないでいこうという方もたくさんいらっしゃいます。モノづくりの現場は自然との対話、宇宙法則によって動くというような次元の高さになっている人もいらっしゃるのですが、巷は逆に人の暮らしがオートメ化され、規制され与えられた情報の中でしか生きていけない状況になっていることがわかりました。


きものは農業で作られているのよ、と言ってアッと驚く人と、あらそうだからー？という二極になっている今この時代、大地とのつながりの中で、自分自身の人間性を高める作業を、モノづくりの人はそれもごく自然に行っていると感じます。

今回も多くのことを学びました。常々私は「きものを識ることで日本が見えてくる」と思っていますが、まさしく今の日本をきものが教えてくれました。

きものの素材や色や柄で大地の愛を感じ、着ることによって自分自身の体の免疫を上げ、お金の介在で日本の経済の在り方を知る。そして季節のとらえ方、きものそのものが教えてくれる礼法やおもてなし、品性の高め方そして未来の自分の姿も明確に見えます。

生き方を模索している方にも、きっとこの本は何かのヒントをあなたに与えると思います。今を生きる方々の登場をこの本に収めました。

最後にあこがれの装丁作家熊谷博人さんに装丁して頂き感謝。
新時代の出版社万代宝書房の若き編集者水野健二氏に感謝。
ありがとうございました。

中谷比佐子

参考資料

出雲国風土記　荻原千鶴　講談社学術文庫
日本草木染譜　山崎斌　草木会
沖縄の工芸　岡村吉右衛門　青銅社
苧麻・絹・木綿の社会史　吉川弘文館

写真集

志村明さん足袋、腰紐、下着も含めたきものと袴姿は、すべて塩漬け繭の糸でつくりました

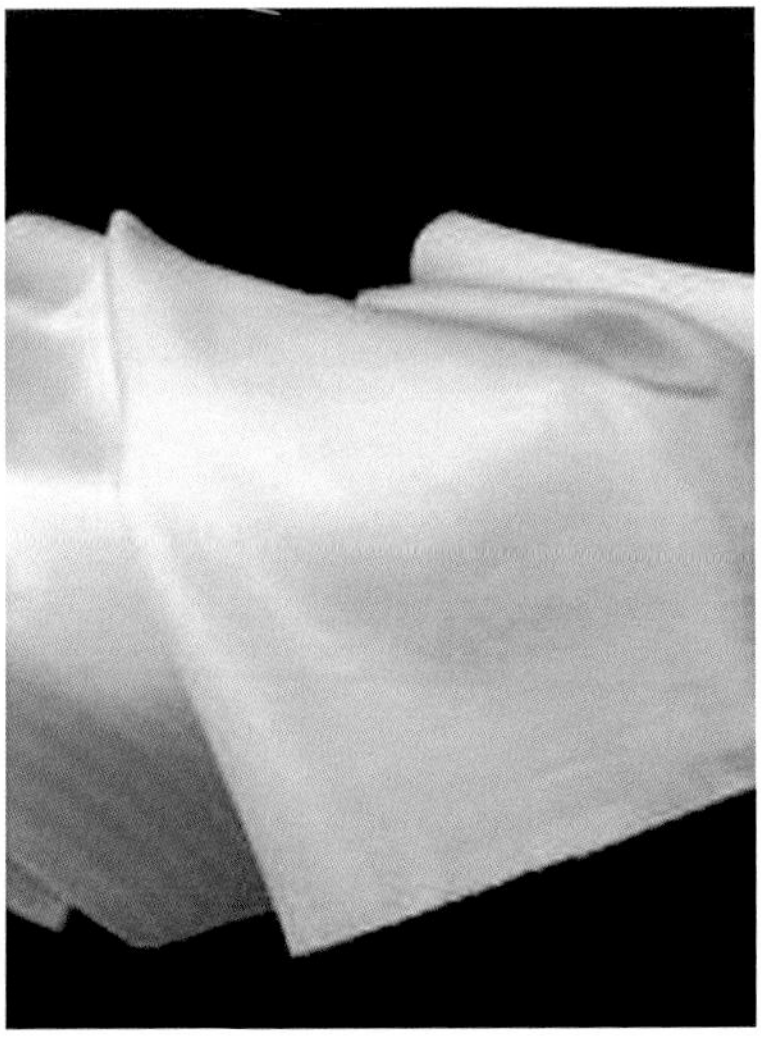

大嘗祭の斎服　塩漬け繭の糸で織りあげました

上から八枚の桑の葉を蚕に与えます

在来種の桑畑

繭を塩漬けにします

塩漬け繭の風乾

美しい経糸

塩漬け繭の糸のきもの

絹の領域2021年の制作発表
「きもののの表裏の考え方」

天蚕、黄繭、白繭

山岸幸一さんと長男山岸大典さん

水洗の小川、ここで染めた布を洗います

雪の中の桑畑

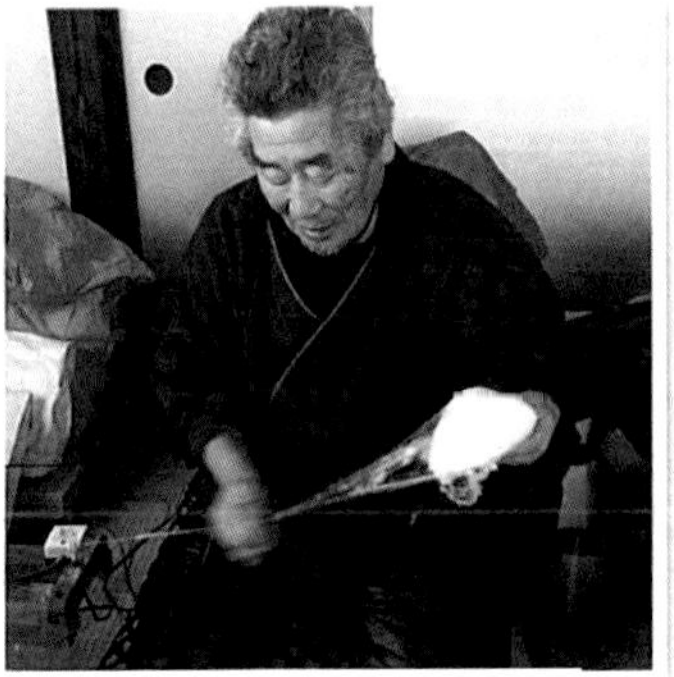

山岸幸一手づくりの糸繰り

真綿づくり

紅花（上）
「保光」という山岸さんの畑にしかない白い紅花

染まった紅花の糸を干しています
寒染なので後ろに雪があります

染まった糸を熟成させている部屋

紅花もち

紅花の寒染中

紅花で染めた糸が熟成中

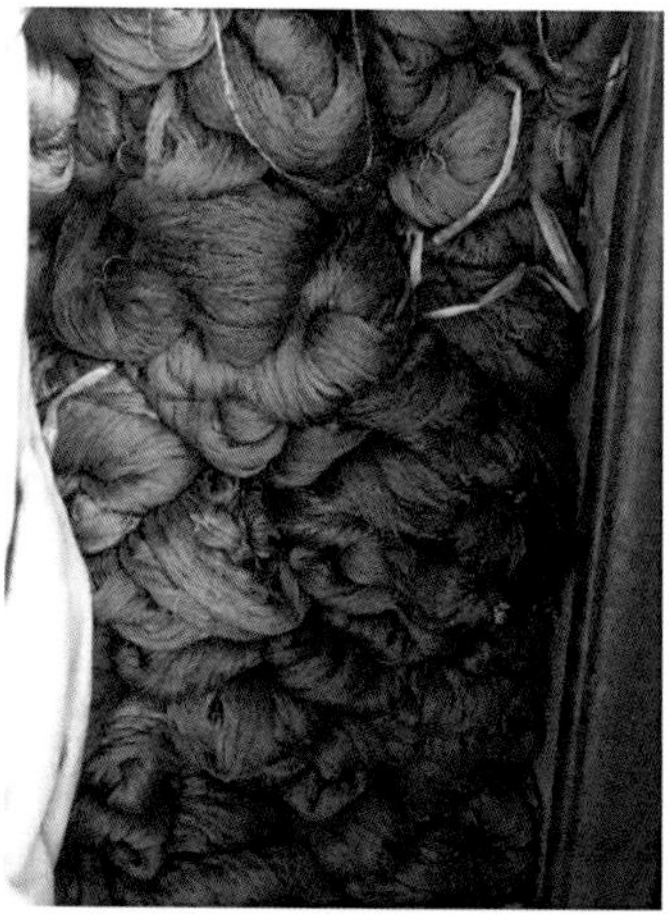

京紅（口紅）のもと

紅花染めに欠かせない烏梅

棉の苗↑　　棉の花↓　　棉の種↑

綿着尺

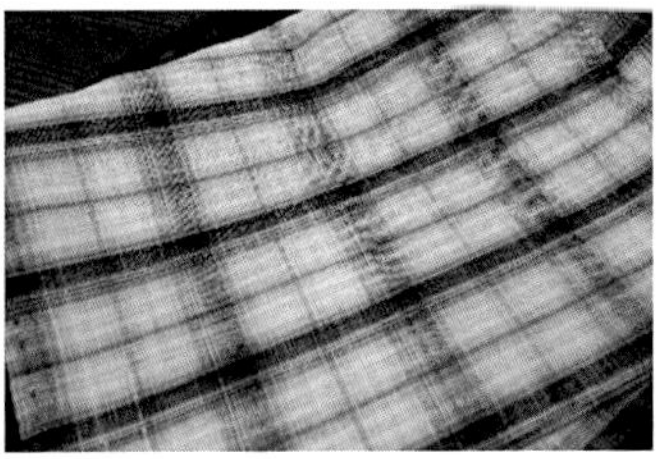

植物染料で染めた糸

綿

糸繰り　白井さんも道具は自分で選ぶ

外にいる蚕

眠中の蚕

繪服の糸

30 年前の養蚕体験農園施設と蚕室

大林優子さんと中谷比佐子と都築浩一さん

桑畑に来たカモシカ

美山の茜畑
茜の根を掘りおこす

茜栽培農家の渡部康子さん

美山の日本茜の畑

雲南市日本紫根畑

染織三人展
右から服部秀司さん、中谷、高橋孝之さん、寺田豊さん

紫根農家の舟木清さんと中谷比佐子によるインタビュー

紫根の根、二年物

茜染めのグラデーション

紫根染めのグラデーション

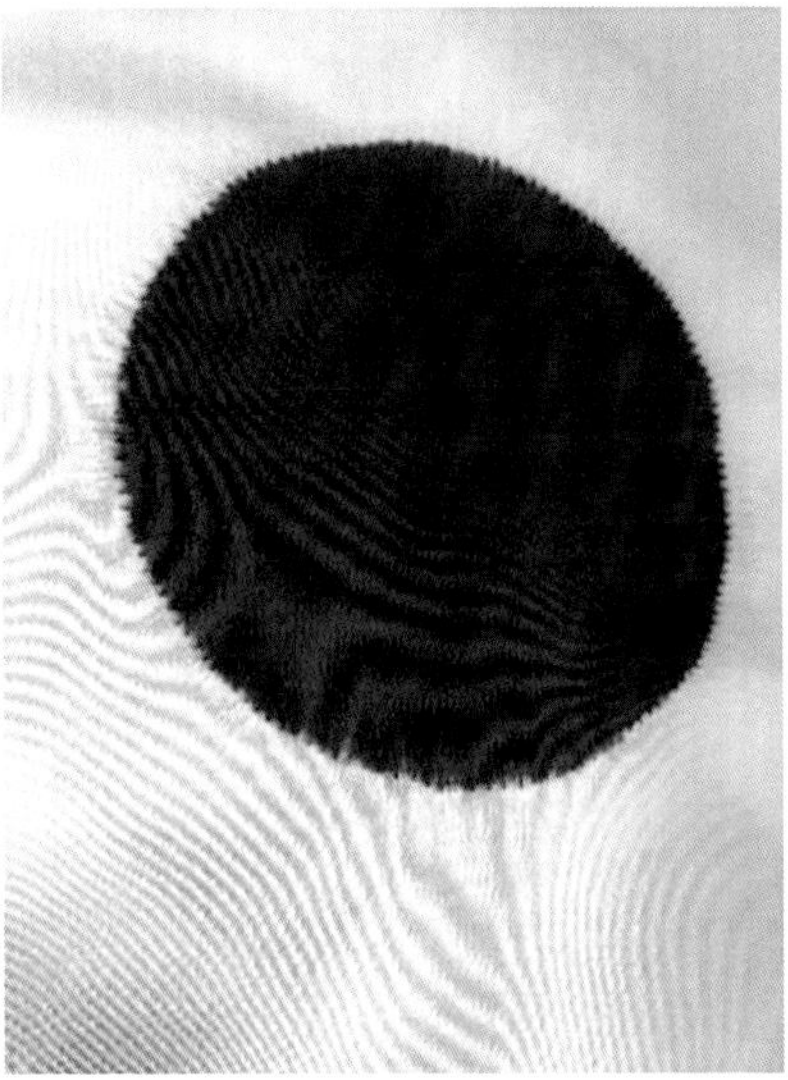

日本の日の丸は茜で染められていた

日本紫根の根

日本紫根の種

日本紫根の畑

日本紫根の花

二代目山崎青樹さんの草木染の千代紙

四代目山崎広樹さんと左三代目山崎和樹

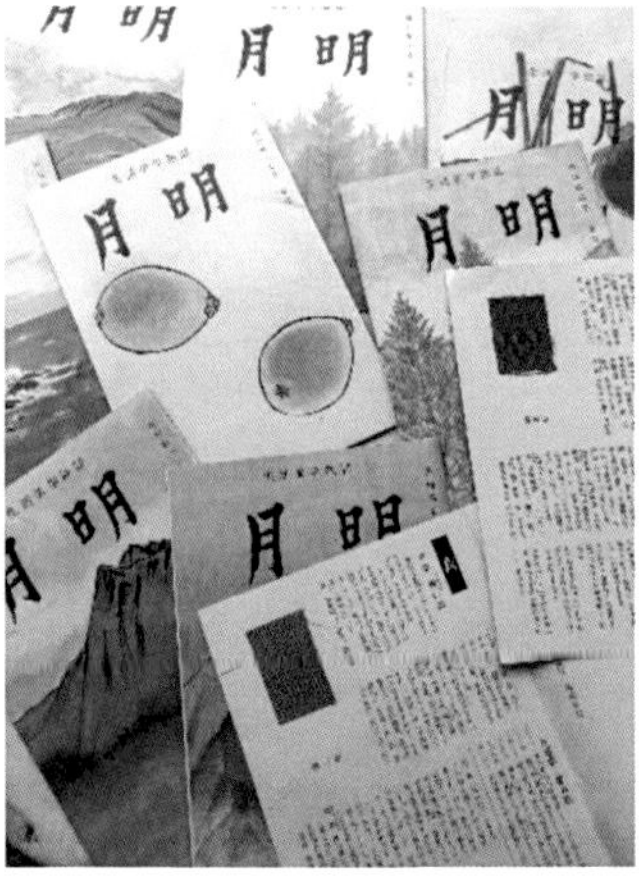

初代山崎斌さんが創刊した月刊誌『月明』

初代山崎斌さんの本

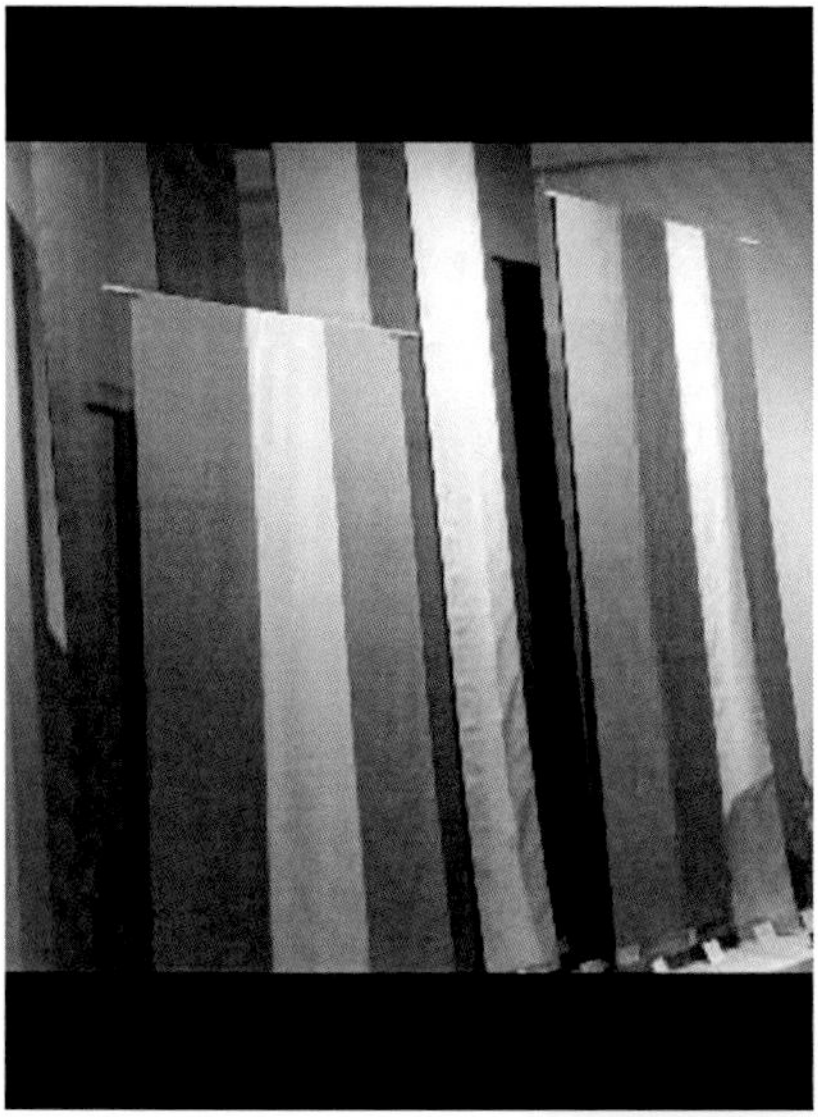

藍、紅花、栗などで草木染された反物　山崎和樹

あらゆる草木で染めた糸　山崎和樹
(岡谷蚕糸博物館での展示会)

千曲川望む桑畑

繭づくり

塩漬け繭の糸

塩漬け繭

熊谷友幸監督と中谷比佐子の対談（於 出雲）

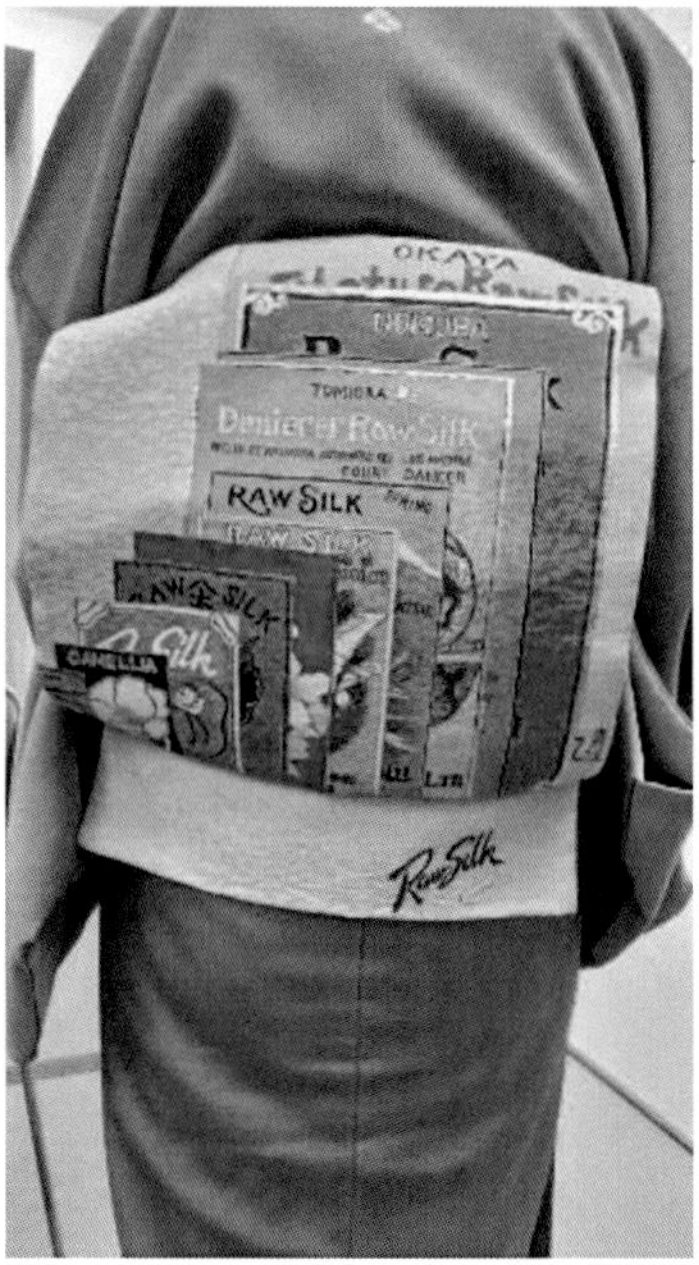

世界に輸出した岡谷の生糸のラベルを帯の柄にデザイン

徳川家茂がフランスに送った蚕の「青龍」という種紙

セヴェンヌ養蚕博物館に展示されている繭見本

日本の生糸の活躍を伝える映画『シルク時空をこえて』のポスター

フランスに送られた日本の蚕種紙と計り

◆きものジャーナリスト　中谷比佐子

「きものを識ると日本が見えてくる」を基本において常に現場から、きものと日本人が残した文化的知恵を、書籍や、雑誌、講演、セミナー、ユーチューブで伝えている。

1936年大分市生まれ、共立女子大学文芸学部卒業後、女性誌の編集記者を経て、「株式会社秋櫻舎」を設立、きものに関する事業の活動を始めて５５年。つくり手と売り手、売る人と着る人の橋渡しの企画、着る人のスタイリングなどを手掛けたが、近年は「蚕、絹」についての研究が深くその功績が認められ、2013年財団法人（現・一般財団法人）大日本蚕糸会より「蚕糸功績賞」を受ける。

主な書籍
「きものという農業」三五館
「きもの解体新書」春陽堂書店
「十二か月のきもの」世界文化社
「おとな思草」河出新書
「きもの二十四節気」秋櫻舎
その他共著を含め３５冊。

きものの普及に毎月第四土曜日「比佐子つれづれの会」
毎週水曜日ユーチューブの配信を行っている。
ホームページ: http://www.kosmos-chako.com
YouTubeチャンネル：『チャコちゅーぶ』で検索
毎週水曜日２０時配信中

続・きものという農業　大地からきものを作る人たち
2023年7月18日 第1刷発行
11月26日 第2刷発行
著　者　中谷 比佐子
発行者　釣部 人裕
発行所　万代宝書房
〒176-0002 東京都練馬区桜台1-6-9-102
電話080-3916-9383　FAX 03-6883-0791
ホームページ：https://bandaihoshobo.com
メール：info@bandaihoshobo.com
印刷・製本　日藤印刷株式会社
落丁本・乱丁本は小社でお取替え致します。

ISBN 978-4-910064-85-7　C0036

装丁　熊谷　博人